高等教育"十四五"部委级规划教材

机械原理学习指导及习题集(2版)

孙志宏　主编

东华大学出版社·上海

内容简介

本书是按照国家教学指导委员会颁布的《机械原理课程教学基本要求》,为帮助机械类、近机类本科学生和考研人员学习、复习而编写的。其目的是使学生系统地掌握和巩固"机械原理"课程的基本内容,建立工程意识,能够综合运用机械原理的知识和方法解决工程应用中关于机构设计和分析的问题。

本书共八章,包括机构的组成和结构分析,平面机构的运动分析,机械中的摩擦、效率和自锁,机械的平衡,平面连杆机构及其设计,凸轮机构及其设计,齿轮机构及其设计和轮系及其设计。每章由本章教学要求、基本概念、难点、例题和习题五个部分组成。

本书可作为工科院校机械类、近机类专业学生学习"机械原理"课程的辅助教材,报考研究生时的复习参考书,也可供教师及工程技术人员参考使用。

图书在版编目(CIP)数据

机械原理学习指导及习题集/孙志宏主编. —2版. —上海:东华大学出版社,2021.6
ISBN 978-7-5669-1899-4

Ⅰ. ①机… Ⅱ. ①孙… Ⅲ. ①机械原理—高等学校—教学参考资料 Ⅳ. ①TH111

中国版本图书馆 CIP 数据核字(2021)第 107197 号

责任编辑:竺海娟
封面设计:魏依东

机械原理学习指导及习题集(2版)

孙志宏 主编

出　　版:东华大学出版社(上海市延安西路1882号　邮政编码:200051)
本 社 网 址:http://dhupress.dhu.edu.cn
天猫旗舰店:http://dhdx.tmall.com
营 销 中 心:021-62193056　62373056　62379558
印　　刷:常熟大宏印刷有限公司
开　　本:787 mm×1092 mm　1/16
印　　张:10.5
字　　数:300千字
版　　次:2021年6月第2版
印　　次:2021年6月第1次印刷
书　　号:ISBN 978-7-5669-1899-4
定　　价:42.00元

前　言

机械类专业学生必须熟知机械及机构的组成原理、设计理论及设计方法，并能够运用数学、力学和计算机技术进行机构的设计、运动学和动力学分析以及机构优化。"机械原理"是工科类专业学生一门重要的技术基础课，它的任务是使学生掌握机构分析、机构综合和机械动力学的基本理论、基本知识和基本技能，并初步具有确定机械运动方案、分析和设计机构的能力以及开发创新的能力。"机械原理"课程在培养应用型高级工程技术人才的全过程中起到增强学生对机械技术工作的适应能力和开发创造能力的作用。随着社会对大学生工程能力要求的提高，越来越希望学校在教学过程中更紧密地结合工程实际，更多地以工程案例作为教学素材。本书正是为了迎合这种需求而编写的。

本书内容共分八章，覆盖了"机械原理"课程的主要章节，可作为"机械原理"课程的学习辅导资料。书中每一章都明确了本章的主要内容，梳理了本章的基本概念，指出了本章的难点及学生容易混淆的概念，以帮助学生正确理解和更好掌握本章的知识；每章都精心挑选具有代表性的典型例题，详细介绍解题思路、方法和技巧，有的例题还采用多种方法求解，以帮助学生打开思路，学会将知识融会贯通；各章的习题部分不仅有与基本概念相关的填空题和选择题，也有能够让学生利用所学机械原理的知识和方法进行设计和分析与工程实际密切相关的综合题，尤其是许多题目来自于纺织机械，具有鲜明的东华大学特色。

本书应广大读者的要求，在第一版的基础上增加了习题解答。在编写过程中，得到硕士研究生李栋梁、林华、方涛、王英南、雷巧等同学的大力支持，他们在插图绘制方面做了大量工作。

由于作者水平有限，书中难免存在疏漏或欠妥之处，恳请各位读者提出宝贵意见。

编者

2021 年 5 月 28 日

目 录

第 1 章　机构的组成原理和结构分析 ··· 1
 1.1　本章教学要求 ·· 1
 1.2　本章基本概念 ·· 1
 1.3　绘制机构简图和计算机构自由度时常见的问题 ··························· 2
 1.4　本章例题 ·· 4
 1.5　本章习题 ·· 6

第 2 章　平面机构的运动分析 ··· 15
 2.1　本章教学要求 ·· 15
 2.2　本章基本概念 ·· 15
 2.3　本章难点 ·· 16
 2.4　本章例题 ·· 16
 2.5　本章习题 ·· 18

第 3 章　机械中的摩擦、效率与自锁 ··· 26
 3.1　本章教学要求 ·· 26
 3.2　本章基本概念 ·· 26
 3.3　本章难点 ·· 27
 3.4　本章例题 ·· 29
 3.5　本章习题 ·· 32

第 4 章　机械的平衡 ··· 38
 4.1　本章教学要求 ·· 38
 4.2　本章基本概念 ·· 38
 4.3　本章难点 ·· 39
 4.4　本章例题 ·· 39
 4.5　本章习题 ·· 42

第 5 章　平面连杆机构及其设计 ··· 47
 5.1　本章教学要求 ·· 47
 5.2　本章基本概念 ·· 47

5.3　本章难点 ·· 48
　　5.4　本章例题 ·· 50
　　5.5　本章习题 ·· 56

第6章　凸轮机构及其设计 ·· 63
　　6.1　本章教学要求 ·· 63
　　6.2　本章基本概念 ·· 63
　　6.3　本章难点 ·· 64
　　6.4　本章例题 ·· 67
　　6.5　本章习题 ·· 70

第7章　齿轮机构及其设计 ·· 78
　　7.1　本章教学要求 ·· 78
　　7.2　本章基本概念 ·· 78
　　7.3　本章容易混淆的概念 ·· 81
　　7.4　本章例题 ·· 82
　　7.5　本章习题 ·· 86

第8章　轮系及其设计 ·· 91
　　8.1　本章教学要求 ·· 91
　　8.2　本章基本概念 ·· 91
　　8.3　本章难点 ·· 92
　　8.4　本章例题 ·· 93
　　8.5　本章习题 ·· 96

参考答案 ·· 105
参考文献 ·· 161

第1章 机构的组成原理和结构分析

1.1 本章教学要求

（1）掌握运动副、约束、构件、自由度的概念，运动副与约束之间的关系，运动链与机构的区别，机构运动简图的画法。

（2）掌握机构具有确定运动的条件，机构自由度的计算方法，虚约束、局部自由度、复合铰链的概念以及它们对机构自由度的作用。

（3）理解机构的组成原理，能够对机构进行结构分析，判断机构由哪些基本杆组组成，为机构运动分析、动力分析及创新设计打下基础。

1.2 本章基本概念

表1-1 本章基本概念汇总

序号	概念	定义
1	构件	机器中每一个独立运动的单元称为一个构件(link)
2	运动副	两个构件直接接触而组成的可动连接叫作运动副(kinematic pair)
2	运动副元素	组成运动副的点、线、面就是运动副元素
2	高副	两构件通过一点或线接触而构成的运动副统称为高副(higher pair)
2	低副	两构件通过面接触而构成的运动副统称为低副(lower pair)
2	转动副	两构件通过圆柱面接触，且只能相对转动的运动副称为转动副(revolute pair)，又叫作铰链(joint)
2	移动副	两构件通过平面接触，且只能沿一个方向相对移动的运动副称为移动副(sliding pair)
3	运动链	构件间通过运动副连接而构成的可相对运动的系统称为运动链(kinematic chain)
3	闭式链	组成运动链的各构件构成首尾相连的封闭系统，称为闭式链(closed kinematic chain)
3	开式链	组成运动链的构件未构成首尾封闭的系统，称为开式链(open kinematic chain)
4	机构	将运动链的一个构件固定为机架(frame)，则该运动链就成为一个机构(mechanism)
5	自由度	机构具有确定运动时所必须给定的独立运动构件的数目，称为机构的自由度(degree of freedom of mechanism，缩写为DOF)
6	基本杆组（阿苏尔杆组）	自由度为零且不能再分的构件和运动副的组合称作基本杆组，又叫阿苏尔杆组(Assur group)
6	Ⅱ级杆组	由两个构件和三个低副组成的基本杆组
6	Ⅲ级杆组	由四个构件六个低副组成的基本杆组，其中一个构件是三副杆
6	机构的级别	机构中所含基本杆组的最高级别就是机构的级别

(续表)

序号	概念	定义
7	复合铰链	两个以上的构件在同一处以转动副相连接所组成的运动副称为复合铰链(compund hinges),该处转动副的个数等于构成复合铰链的构件个数减1
8	虚约束	指机构中所存在的不产生实际约束效果的重复约束(redundant constraint),在计算机构自由度时应该去掉
9	局部自由度	机构中,某些构件所产生的局部运动不影响其他构件的运动,这种局部运动的自由度称为局部自由度(passive degree of freedom)
10	机构具有确定运动的条件	(1)机构的自由度必须大于零; (2)选与机架组成转动副或移动副的构件为主动件时,机构具有确定运动的条件是,原动件个数等于机构自由度的个数
11	高副低代	将机构中的高副根据一定的条件虚拟地以低副加以代替,且保证代替前后机构的自由度完全相同,代替前后机构的瞬时速度和瞬时加速度也完全相同,这种将高副用低副来代替的方法称为高副低代
12	平面机构自由度计算公式	$DOF = 3n-(2P_L+P_H-P')-F'$ 式中:n 为活动构件的个数;P_L 为低副的个数;P_H 为高副的个数;P' 为虚约束数目;F' 为局部自由度个数

1.3 绘制机构简图和计算机构自由度时常见的问题

(1)不能区分复合铰链和双杆副

图 1-1(a)表示三个构件在 A 处组成复合铰链,有两个转动副;而图 1-1(b)则表示两个构件在 B 点以转动副相连, B 点处只有一个转动副。

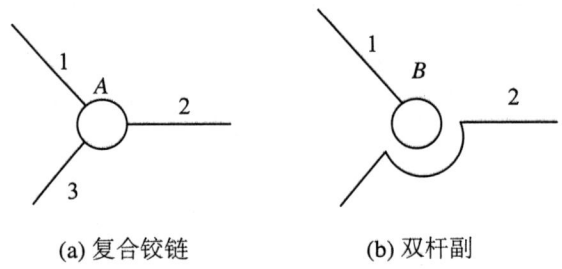

图 1-1 复合铰链与双杆副的画法区别

(2)移动副的错误画法

图 1-2(a)所示的简图,表示构件1和2组成移动副,构件2和3以转动副相连;图 1-2(b)的表达形式是错误的。

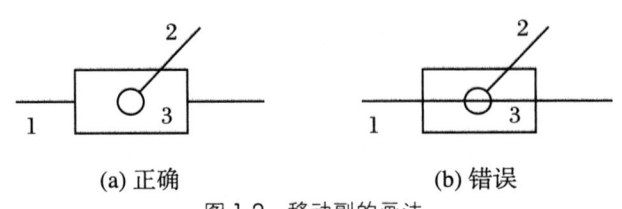

图 1-2 移动副的画法

(3) 与机架组成的复合铰链易被忽略

如图 1-3 所示,构件 1、2、3 在 A 点组成转动副,此处存在复合铰链,有人常常将机架忽略,因而判断不出此处是复合铰链。

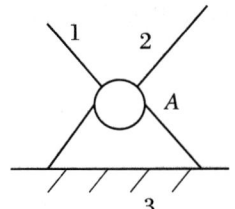

图 1-3 机架构成的复合铰链

(4) 齿轮高副的约束数

如何判断齿轮副引入的约束数目是学生常感到困惑的问题。简单地说,当两个齿轮(或齿轮齿条)的中心距固定不变时,齿轮副引入的高副个数是 1;而当这两个构件的中心距不能保证不变时,它们之间的齿轮副引入两个约束,即有两个高副存在。如图 1-4(a)所示,齿轮 3 和齿轮 5 之间由构件 4 将它们的转动中心 A、B 相连,保证了齿轮 3 和 5 的中心距始终不变,因此它们之间只存在一个高副。而对于齿轮 5 与齿条 7 之间,因为齿轮 5 的转动中心 B 能够随构件 6 及摆块 1 绕转动副 C 摆动,故齿轮 5 和齿条 7 之间的距离不能保证恒定不变,因此它们之间存在两个高副。

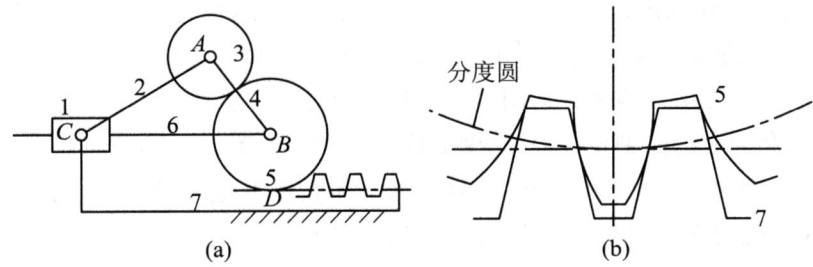

图 1-4 齿轮副引入的约束

解释如下:如图 1-4(b)所示,由于齿轮 5 和齿条 7 之间的距离不能被约束,则齿轮 5 的轮齿就可能完全沉到齿条 7 的两个轮齿之间,即齿轮 5 的一个轮齿在两侧同时与齿条 7 的两个轮齿高副接触,而且这两个接触点的公法线相交,因此就引入两个约束,相当于一个低副。

(5) 基本杆组中外副是移动副的画法

当基本杆组中存在移动副,且移动副是外副时,可以将移动副表示成如图 1-5(a)或(b)所示的形式,即用虚线或点划线表示组成移动副的另外一个构件(该构件不属于这个基本杆组),而图 1-5(c)中将第三个构件用实线表示的画法是错误的。

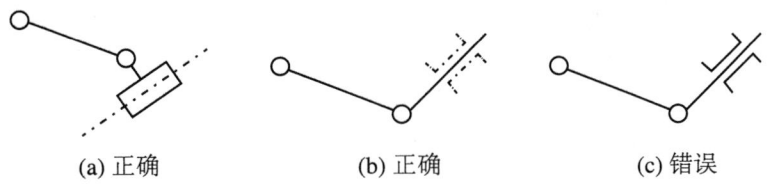

图 1-5 基本杆组中外副是移动副的画法

第 1 章 机构的组成原理和结构分析

1.4 本章例题

【例题 1】 如图 1-6(a)所示机构,请对其进行高副低代,指出虚约束、局部自由度和复合铰链,计算机构的自由度,并对机构进行杆组分析,判断机构的级别。

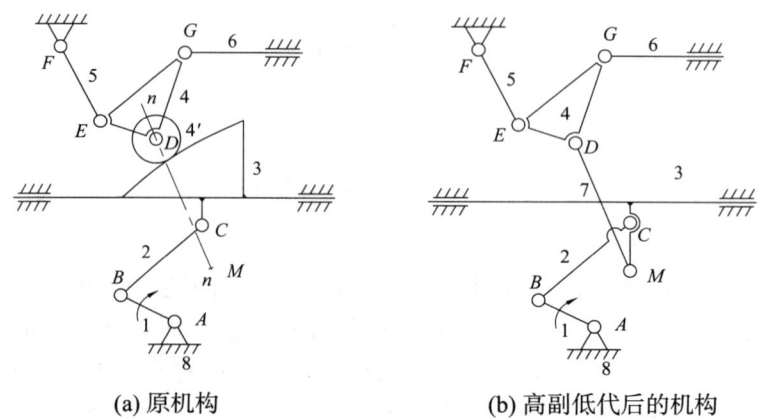

(a) 原机构　　　　(b) 高副低代后的机构

图 1-6　例题 1 机构简图

【解】

(1)高副低代:上述机构中,构件 3 是个移动凸轮,其与构件 4′组成高副。构件 4′的转动中心在 D 点,D 点也是构件 4′在高副接触点处的曲率中心,构件 3 在接触点处的曲率中心在 M 点。因此,在 M 和 D 点引入两个转动副,然后引入构件 7 将这两个转动副连接。转动副 M、D 和构件 7 就可以将原先的高副替代掉,高副低代后的形式如图 1-6(b)所示。

(2)构件 4′绕其转动中心 D 点的转动并不影响机构中其他构件的运动,故存在一个局部自由度;构件 3 与机架之间存在两处移动副,且这两处移动副相互共线,因此其中一个移动副引入的约束不会影响构件 3 的运动,是虚约束,约束数目为 2。

(3)自由度计算如下:

高副低代前机构的自由度 DOF = 3×7 −(2×10+1−2)−1 = 1;

高副低代后机构的自由度 DOF = 3×7 − 2×10 = 1。

(4)对机构进行杆组分析:该机构由图 1-7 所示的三部分组成。

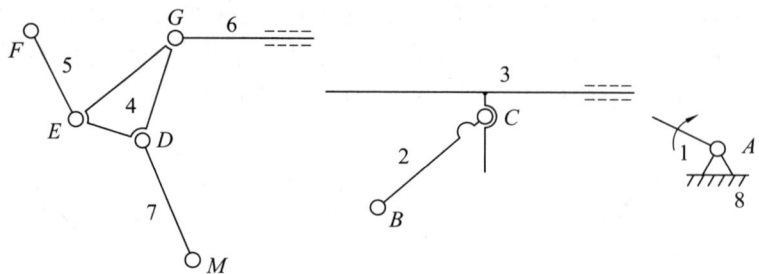

图 1-7　杆组分析结果

通过杆组分析可知,杆组中级别最高的是Ⅲ级杆组,因此,该机构的级别是三级。

【例题2】 图1-8所示为工业缝纫机送料机构的两种形式,请计算它们的自由度,并对机构进行杆组分析,确定两种机构的级别。

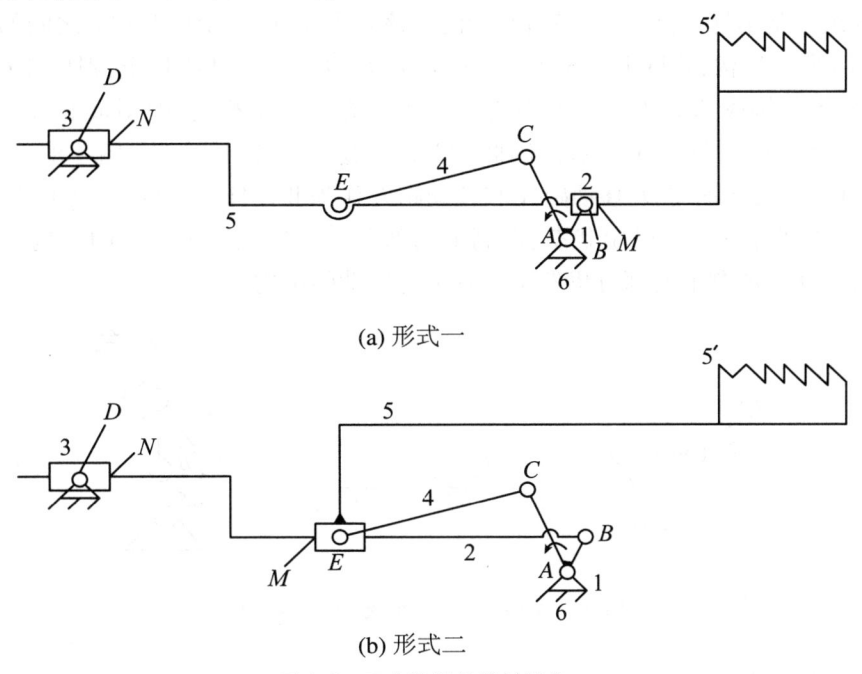

图1-8 工业缝纫机送料机构

【解】

图1-8(a)所示机构的自由度 DOF = 3×5−2×7 = 1。

该机构由一个Ⅲ级杆组、机架及主动件组成,故是三级机构。杆组分析的结果如图1-9所示。

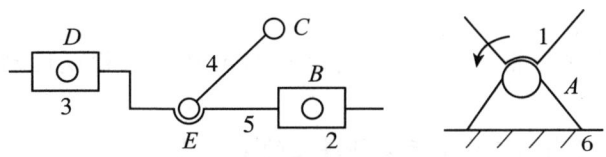

图1-9 形式一机构的杆组分析

图1-8(b)所示机构的自由度 DOF = 3×5−2×7 = 1。

该机构由两个Ⅱ级杆组、机架和主动件组成,故是二级机构。机构杆组分析的结果如图1-10所示。

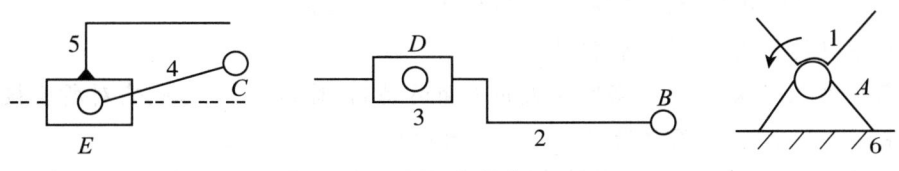

图1-10 形式二机构的杆组分析

【说明】 拆分杆组时,应从传动关系上离主动件最远的部分开始拆,每拆下一个基本杆组后,机构剩余部分仍应是一个完整的机构,即自由度保持不变,且每个构件具有确定的运动。通常先按Ⅱ级杆组试拆,如果无法拆除(即剩下的部分不能构成一个完整的机构),则试着拆高一级的杆组。基本杆组拆完后,最后剩余的应该是主动件、机架以及它们之间的运动副。

如图1-6所示机构,若拆下杆5、4及运动副 F、E、D 组成的Ⅱ级杆组,则构件6和运动副 G 就孤立出来,不能构成基本杆组,且构件7一端也没有运动副相连,即剩余下来的部分不能组成一个完整的机构(如图1-11所示),因此拆Ⅱ级杆组的方案不正确。图1-8(a)也是这种情况,若将构件3、5及转动副 D、移动副 N 和转动副 E 作为Ⅱ级杆组先拆下,剩下的部分中,构件4和构件2就会处于运动不确定状态,即剩下的部分不能构成一个完整的机构。因此只有先拆Ⅲ级杆组才能保证剩下的部分仍然是具有确定运动的机构。

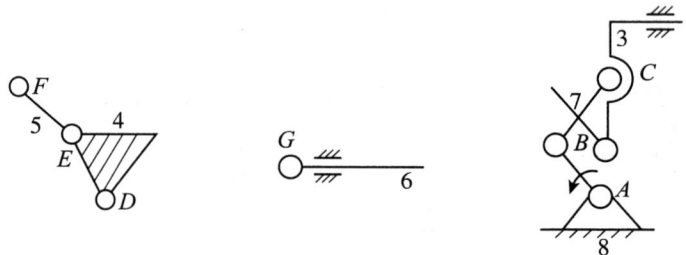

图1-11 剩余部分不能组成一个完整的机构

1.5 本章习题

1.5.1 概念题

(1) 机械是_____和_____的总称。

(2) 机构具有确定运动的条件是_____。

(3) 若 m 个杆件在同一处组成转动副,则转动副的个数是_____个,这个转动副称为_____。

(4) 机构中的运动副是指_____;运动副元素是指构成运动副的_____、_____和_____。

(5) 平面机构中进行高副低代前后必须满足的条件是:_____和_____。

(6) 从机构结构观点来看,任何机构都是由_____、_____和_____三部分组成的。

(7) 机构的虚约束出现在三种情况下,它们是:_____、_____和_____。

(8) 将单个单自由度的平面连杆机构变回到平面运动链,自由度数将变为_____。

(9) 根据机构组成原理,机构是在机架和原动件的基础上添加_____组成的。

(10) 两个构件组成运动副的条件是:两构件_____且能_____。

(11) 与运动链相比,机构的特征是_____。

(12) 两构件之间以点、线接触所组成的平面运动副,称为_____副,它对所连接的两个构件之间产生_____个约束,而保留了_____个自由度。

(13) 机构的高副低代分为永久替代和瞬时替代,若组成高副的两个构件的轮廓为圆弧,则可以进行_____替代。替代的方法是在两个轮廓的_____处引入两个转动副,然后用_____将它们连接起来。

(14) 基本杆组是不可再拆分的、自由度等于_____的运动链。

(15) 运动链由构件通过运动副连接而成,而运动链变为机构需要_____。

(16) 关于一对渐开线齿轮组成的高副所引入的约束数目的描述,正确的是_____。
(A) 1 个　　(B) 2 个　　(C) 可能 1 个,也可能 2 个

(17) 如果原动件数为 1 的低副机构,算出其机构自由度为 0,应在适当位置加入_____方能使机构有确定的运动。
(A) 1 个活动构件和 2 个低副　　(B) 1 个活动构件和 1 个低副　　(C) 1 个活动构件

(18) 若两个构件彼此在两处接触组成高副,在计算机构自由度时应_____。
(A) 算 1 个高副　(B) 算 2 个高副　(C) 视高副接触点所作的法线方向情况确定高副数目

(19) 如图 1-12 所示机构,其中(a)图中杆件的长度有 $AB=CD=EF$,$AD=BC$,$DF=CE$,(b)图中,$AB=CD$,$AD=BC$,$CD//EF$。其中能够正常运动的机构是_____,其原因是_____。

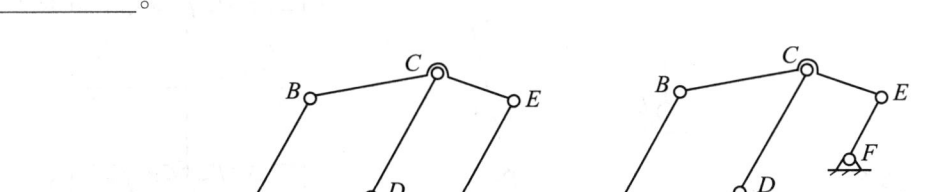

(a) 机构一　　　　　　　　(b) 机构二

图 1-12　机构图

1.5.2　绘制机构的运动简图

(1) 画出图 1-13 所示机构的运动简图,标出构件号和原动件(构件 2 都是原动件)。

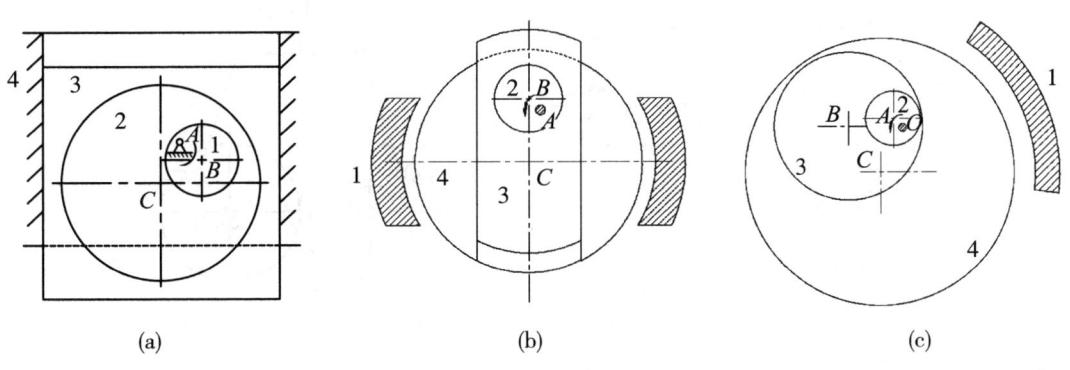

图 1-13　机构的运动简图

(2) 如图 1-14 所示的铆钉拉铆机,1 是机座,构件 2 旋转时,构件 6 上下移动,实现拉铆钉动作。请绘制该机构的运动简图。

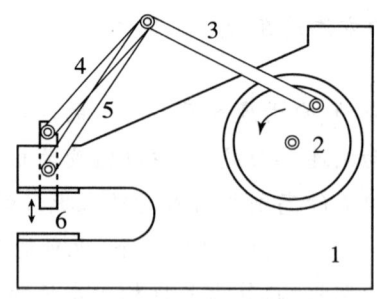

图 1-14 铆钉拉铆机

1.5.3 机构的自由度计算和结构分析

（1）如图 1-15 所示缝纫机布料送料机构，请计算该机构的自由度，并指出虚约束、局部自由度等（凸轮为输入构件）。

（2）请计算图 1-16 所示机构的自由度 F。

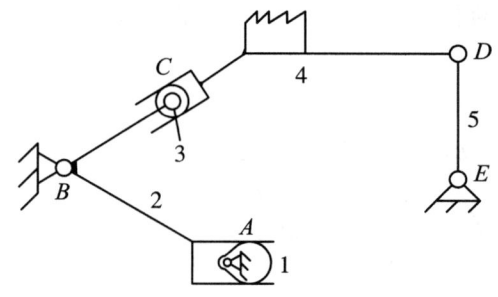

图 1-15 缝纫机布料输送机构

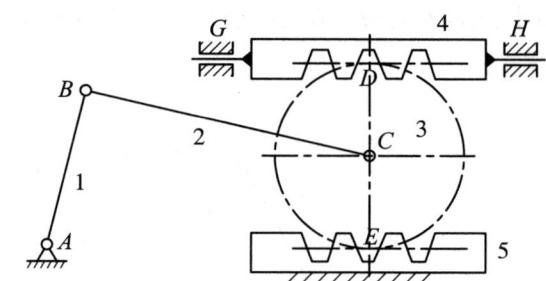

图 1-16 齿轮连杆组合机构

（3）如图 1-17 所示编织机舌针传动机构，请计算该机构的自由度，并指出虚约束、局部自由度等（凸轮为输入构件）。

（4）计算图 1-18 所示机构的自由度，若有复合铰链、局部自由度或虚约束则需说明。

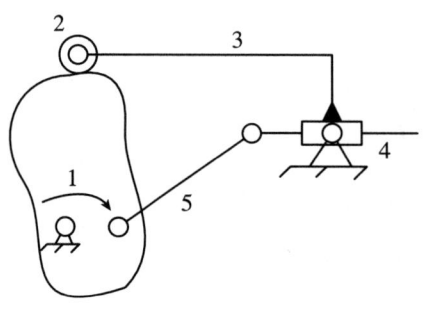

图 1-17 编织机舌针传动机构

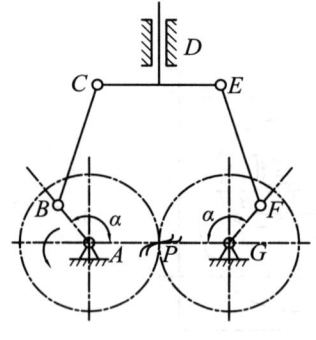

图 1-18 齿轮连杆组合机构

（5）如图 1-19 所示的凸轮连杆组合机构。
①请计算该机构的自由度（若有局部自由度、复合铰链或虚约束，请指出）；
②对该机构进行高副低代；
③对经过高副低代的机构简图进行杆组分析，并判断机构是几级机构。

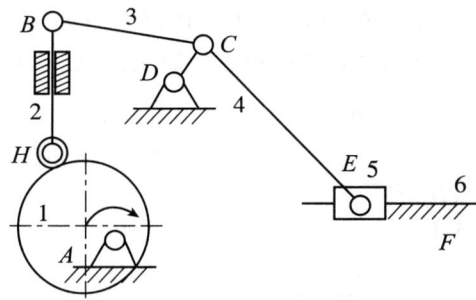

图 1-19 凸轮连杆组合机构

（6）如图 1-20 所示各机构，请计算该机构的自由度，并指出局部自由度、虚约束和复合铰链；对该机构进行高副低代，绘制低代后的机构简图，进行杆组分析和判断机构的级别。

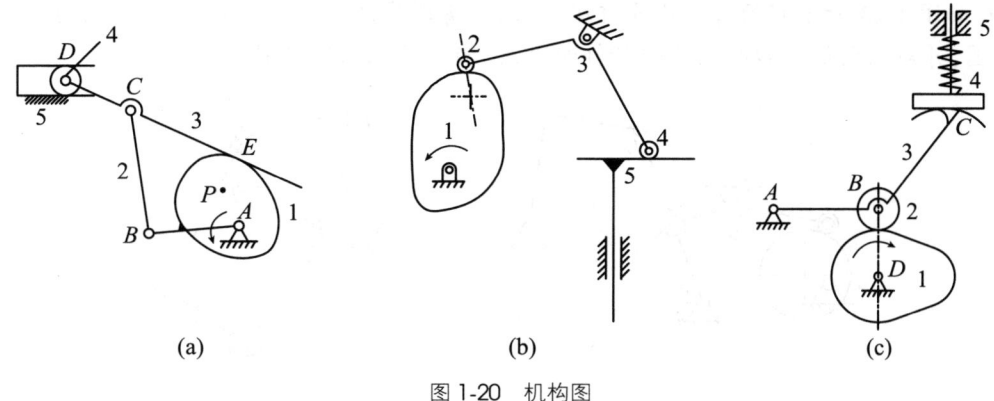

图 1-20 机构图

（7）如图 1-21 所示瓶装饮料包装机瓶盖机构，请计算该机构的自由度，画出高副低代后的机构简图，并对机构进行杆组分析，确定机构的级别。

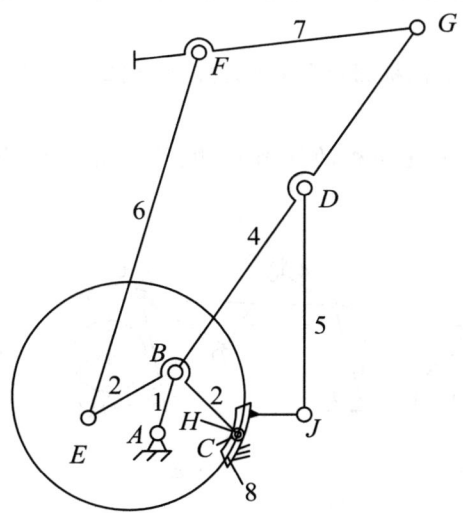

图 1-21 瓶装饮料包装机瓶盖机构

(8) 在图 1-22 所示机构中，$AB=EF=CD$，$AF=BE$，$DF=CE$，请计算该机构的自由度，指出局部自由度、复合铰链和虚约束所在处，对机构进行高副低代，绘制高副低代后的机构简图。

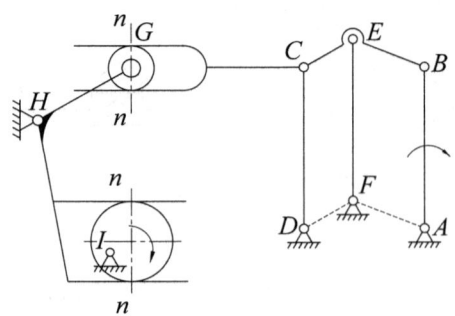

图 1-22　机构图

(9) 如图 1-23 所示的两种凸轮连杆组合机构，请计算机构的自由度 F，绘制机构高副低代后的简图，并对高副低代后的机构进行杆组分析，确定该机构的级别。

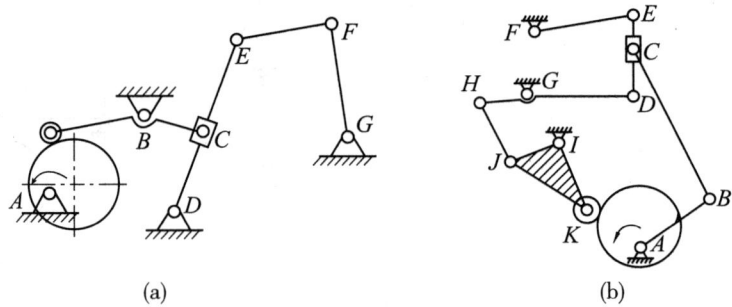

图 1-23　凸轮连杆组合机构

(10) 如图 1-24 所示机构，凸轮 1 为主动件。请计算该机构的自由度，机构中若有复合铰链、局部自由度或虚约束，则请在图上指出；对机构进行高副低代，并对高副低代后的机构进行杆组分析，确定机构的级别。

(11) 如图 1-25 所示的精梳机钳板驱动机构（连杆机构），请计算该机构的自由度，并分析机构的级别。

(12) 如图 1-26 所示家用缝纫机的送布机构，请计算该机构的自由度，对机构进行高副低代。

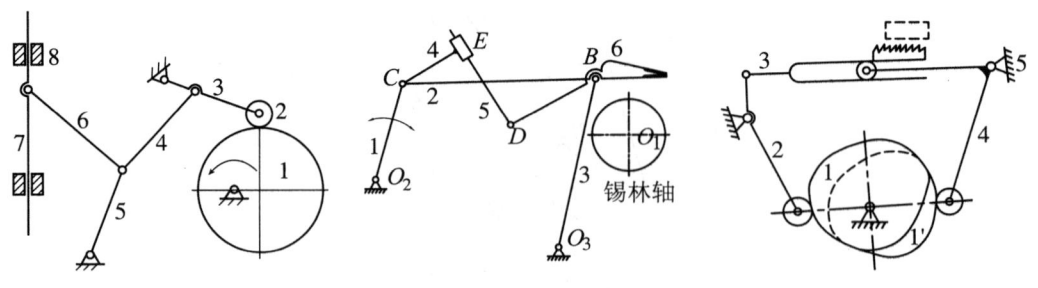

图 1-24　机构图　　图 1-25　精梳机钳板驱动机构　　图 1-26　家用缝纫机的送布机构

(13) 如图 1-27 所示的牛头刨床机构,构件 1 为主动件。请对该机构进行杆组分析,确定该机构的级别。

(14) 如图 1-28 所示机构,凸轮为主动件。请计算该机构的自由度,对机构进行高副低代,并对低代后的机构进行杆组分析,确定机构的级别。

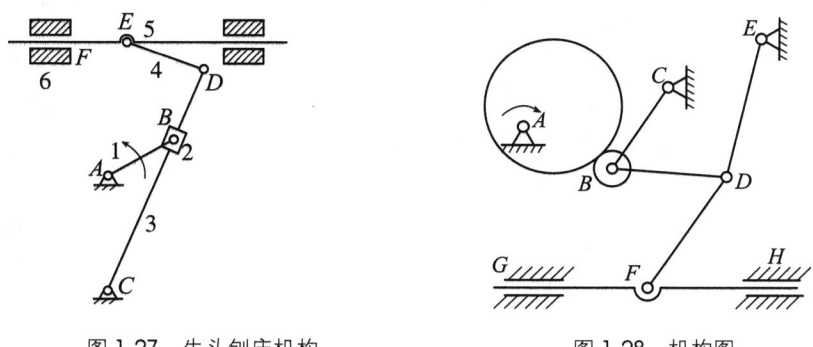

图 1-27 牛头刨床机构　　　　图 1-28 机构图

(15) 请对图 1-29 所示机构进行杆组分析,判断该机构属于几级机构。[提示:拆分前须将高副用低副替代,并在原图上画出替代图形(K_1、K_2 分别为两处高副的曲率中心)]。

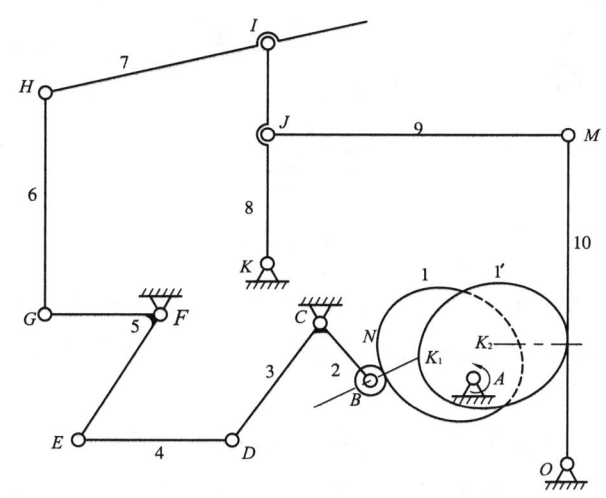

图 1-29 机构图

(16) 如图 1-30 所示两机构,请计算机构的自由度,画出高副低代后的机构简图,并对低代后的机构进行杆组分析,确定机构的级别。

(17) 如图 1-31 所示机构,请计算该机构的自由度,画出高副低代后的机构简图(图中 K 为曲线轮廓接触点的曲率中心),对机构进行杆组分析,确定机构的级别(AB 为原动件,逆时针回转)。

(18) 一机构如图 1-32 所示,请指出复合铰链、局部自由度和虚约束;计算该机构的自由度,并写出计算公式;对机构进行高副低代并进行杆组分析,确定机构的级别。

(19) 如图 1-33 所示机构(图中点划线为齿轮机构),请计算该机构的自由度;该机构是否有确定的运动？指出可能存在的复合铰链、局部自由度和虚约束。

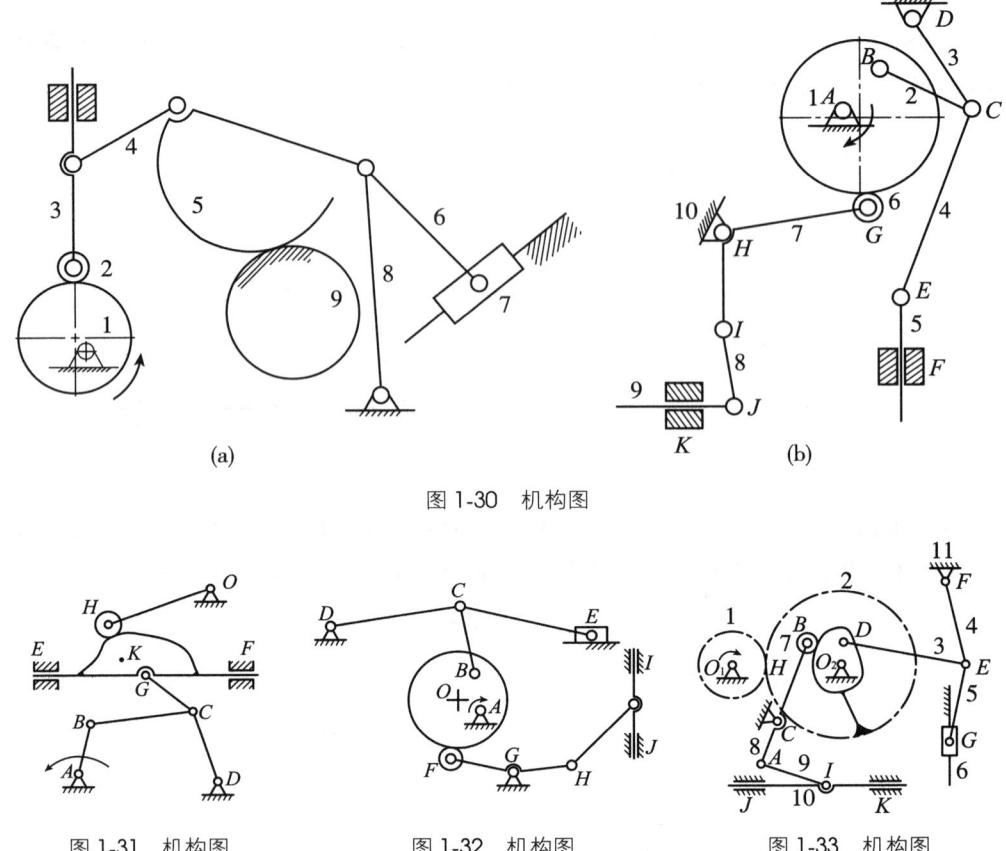

图 1-30 机构图

图 1-31 机构图   图 1-32 机构图   图 1-33 机构图

（20）在图 1-34 所示机构中，带有箭头的构件为原动件。请在图中标出复合铰链、局部自由度和虚约束；该机构能否作确定的相对运动？为什么？将机构中的高副用低副代替，并将该机构拆分为基本杆组。

（21）在图 1-35 所示机构中，有箭头的构件为原动件。请在图中指出复合铰链、局部自由度和虚约束；请计算机构的自由度，并说明该机构能否有确定的相对运动；将机构中的高副用低副代替，并将该机构拆分为基本杆组，确定该机构为几级机构。

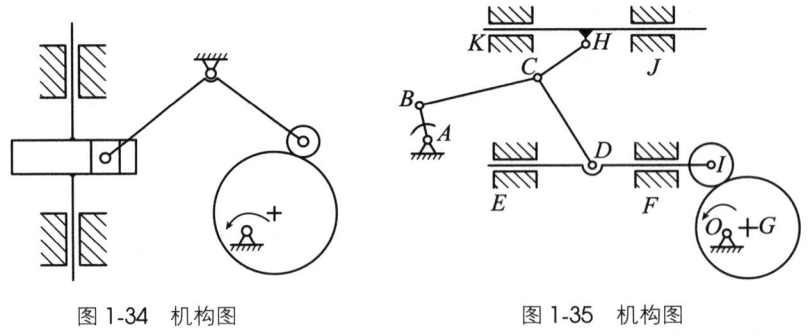

图 1-34 机构图   图 1-35 机构图

（22）如图 1-36 所示剑杆织机传剑机构，共轭凸轮 1 和 1′通过摆臂 3 及连杆 6 带动扇形齿轮 4 摆动，进而驱动传剑轮 5 带动剑带往复运动实现传剑。请计算该机构的自由度，绘制高副低代后的机构简图。

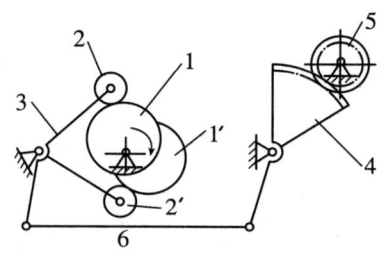

图 1-36 剑杆织机传剑机构

（23）图 1-37 所示为瑞士苏尔寿（Sulzer）织机的共轭凸轮开口机构。请计算该机构的自由度。

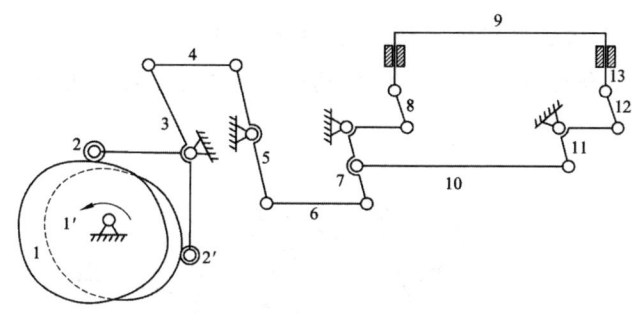

图 1-37 苏尔寿织机共轭凸轮开口机构

（24）图 1-38 所示为 Elitex 织机的槽道凸轮开口机构，槽道凸轮 7 通过连杆 4、摆杆 3(6)、推杆 2(5) 推动综框 1 在滑槽内上下运动，带动经纱实现开口运动。请计算该机构的自由度，并进行高副低代。

（25）如图 1-39 所示共轭凸轮打纬机构，共轭凸轮 1(2) 驱动摆臂 3 往复摆动，带动固定在摆臂上的钢筘 5 将纬纱打入织口。请计算该机构的自由度。

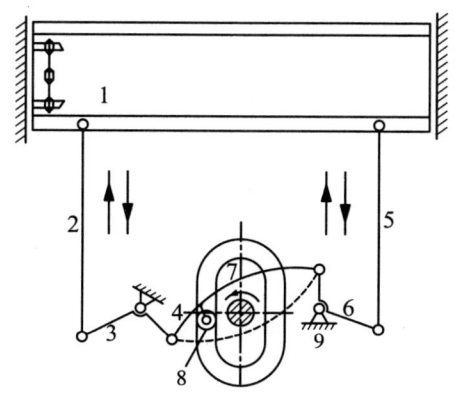

图 1-38 Elitex 织机的槽道凸轮开口机构

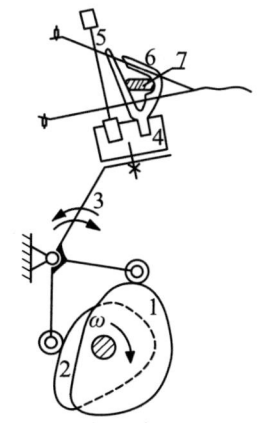

图 1-39 共轭凸轮打纬机构

(26) 如图1-40所示六连杆打纬机构,主轴1转动,通过连杆3、摆杆4、连杆5驱动摆杆6往复摆动,带动固定在摆杆上的钢筘将纬纱打入织口。请计算该机构的自由度。

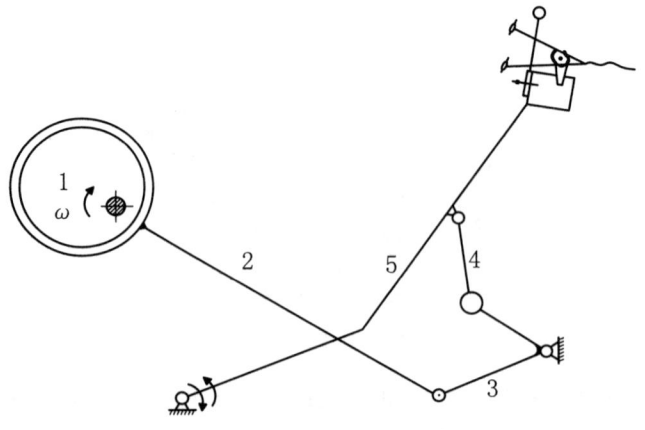

图1-40 六连杆打纬机构

(27) 如图1-41所示精梳机钳板驱动机构,主动件1旋转,上下钳板4、2在作前后往复运动的同时实现开启和闭合运动。请计算该机构的自由度,并对其进行杆组分析,判定机构的级别。

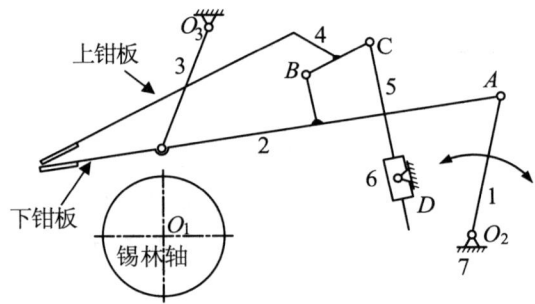

图1-41 精梳机钳板驱动机构

第 2 章　平面机构的运动分析

 2.1　本章教学要求

（1）掌握瞬心、三心定理的概念，并会运用瞬心法对机构进行速度分析；

（2）掌握同一刚性构件上两点之间的速度和加速度的关系，列出速度和加速度矢量方程，并绘制速度图形和加速度图形，对机构进行运动分析；

（3）掌握组成移动副的两个刚性构件上瞬时重影点之间的速度和加速度关系，列出速度和加速度矢量方程，并绘制速度图形和加速度图形，对机构进行运动分析；

（4）掌握速度影像法。

 2.2　本章基本概念

表 2-1　本章基本概念汇总

序号	概念	定义
1	速度瞬心	互作平面相对运动的两构件上瞬时速度相等的重合点，即为该两构件的速度瞬心（instaneous center of velocity），简称瞬心
	绝对瞬心	若瞬心处的绝对速度为零，则该瞬心为绝对瞬心。活动构件和机架之间的瞬心都是绝对瞬心
	相对瞬心	若两构件瞬心的绝对速度不为零，则它们之间的瞬心称作相对瞬心
2	三心定理	三个彼此作平面运动的构件，共有三个瞬心，且这三个瞬心位于同一条直线上
3	瞬心数目	由 N 个构件组成的机构，其瞬心个数为 $K=N(N-1)/2$
4	速度影像	由于构件的速度图形与其位置图形相似，且图形角标字母的顺序方向也一致，所以把构件的速度图形称为构件图形的速度影像
5	同一刚体上两点的速度、加速度关系	$V_B = V_A + V_{BA}$，其中，V_{BA} 为 B 点对 A 点的相对速度，方向垂直于 A、B 点连线；$a_B = a_A + a_{BA}^n + a_{BA}^t$，其中，$a_{BA}^n$ 是 B 对 A 的法向加速度，大小 $a_{BA}^n = \omega^2 L_{BA} = V_{BA}^2/L_{BA}$，方向由 $B \to A$；a_{BA}^t 为 B 对 A 的相对切向加速度，大小 $a_{BA}^t = \varepsilon L_{BA}$，方向垂直于 AB 连线
6	构成移动副的两构件上重合点的速度、加速度关系	$V_{B2} = V_{B1} + V_{B2B1}$，其中，$V_{B2B1}$ 为 B_2 对 B_1 的相对速度，方向沿 B_2 对 B_1 相对移动方向；$a_{B2} = a_{B1} + a_{B2B1}^k + a_{B2B1}^r$；其中，$a_{B2B1}^k$ 为 B_2 对 B_1 的哥氏加速度，大小 $a_{B2B1}^k = 2\omega_1 V_{B2B1}$，方向由 V_{B2B1} 的方向沿 ω_1 转过 $90°$；a_{B2B1}^r 为 B_2 对 B_1 的相对加速度，方向沿 B_2、B_1 两点相对移动方向

2.3 本章难点

（1）瞬心的求法。机构中直接成副的两构件的瞬心可以直接观察得到：两构件组成转动副时，瞬心在转动副的中心；两构件组成移动副时，瞬心在垂直于移动副的无穷远处；两构件组成纯滚动高副时，瞬心就在构件的接触点处；两构件组成滚动兼滑动的高副时，瞬心在接触点的公法线上，再结合其他条件（如三心定理）确定具体位置。不直接接触的两构件之间的瞬心，一般可运用三心定理求出。

（2）瞬心在速度分析中的作用。利用相对瞬心是两构件同速点的概念，设法将未知运动的构件和已知运动的构件建立起联系，进而可求出未知运动构件的角速度和线速度。例如，若已知构件 m 的角速度，要求构件 n 的角速度，需要找到构件 m 和 n 的相对瞬心 P_{mn}，以及它们的绝对瞬心 P_{mk} 和 P_{nk}，其中构件 k 是机架，则构件 n 的角速度为

$$\omega_n = \omega_m \frac{\overline{P_{mn}P_{mk}}}{\overline{P_{mn}P_{nk}}}$$

若 P_{mn} 在 P_{mk} 和 P_{nk} 之间，则构件 n 的转向与构件 m 相反，否则同向。

2.4 本章例题

【例题 1】 如图 2-1 所示的浮动轴大剪机，已知各构件的尺寸，其中非连架杆 BD 为主动件，其角速度为 ω_2。请用瞬心法求剪刀（即构件 7）的速度。

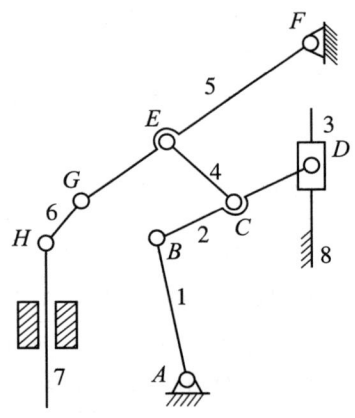

图 2-1 浮动轴大剪机

【解】 分析：如图 2-2 所示，该机构由 7 个活动构件和机架组成，构件较多，且构件 2 和 7 之间没有直接联系，因此要求剪刀（即构件 7）的速度，必须先求出其与构件 2（运动输入构件）的相对瞬心 P_{27}，以及构件 2 与构件 8（机架）的绝对瞬心 P_{28}。

（1）找出由运动副直接相连的两构件之间的瞬心，即 P_{18}、P_{12}、P_{24}、P_{23}、P_{38}、P_{45}、P_{58}、P_{56}、P_{67} 和 P_{78}。

（2）根据三心定理可以逐步求出其他瞬心：

由 P_{12}、P_{18} 连线和 P_{23}、P_{38} 连线求出 P_{28}；

由 P_{28}、P_{85} 连线和 P_{24}、P_{45} 连线求出 P_{25}；

由 P_{78}、P_{85} 连线和 P_{76}、P_{65} 连线求出 P_{75}；

由 P_{28}、P_{78} 连线和 P_{25}、P_{75} 连线求出 P_{27}。

(3) 根据瞬心的性质，P_{27} 是构件 2 和构件 7 的速度瞬心，而构件 2 绕其绝对瞬心 P_{28} 旋转，角速度已知，因此有

$$v_{P27} = \omega_2 \overline{P_{27}P_{28}} \tag{2-1}$$

构件 7 作直线运动，其上所有点的速度相等，即

$$v_7 = v_{P27} = \omega_2 \overline{P_{27}P_{28}} \tag{2-2}$$

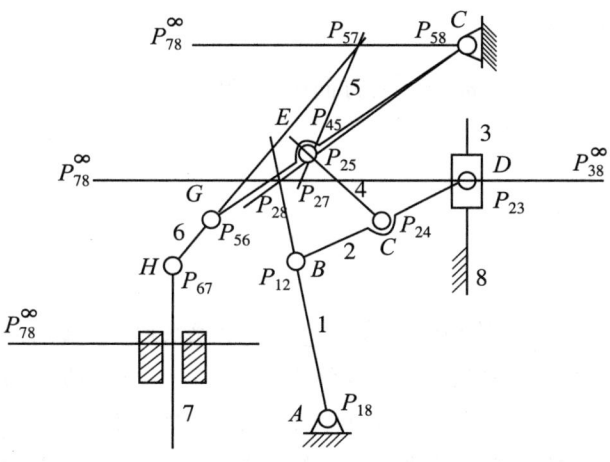

图 2-2 瞬心的求解

【例题 2】 如图 2-3 所示的平面六杆机构，已知各杆件的尺寸以及主动件 1 的角速度 ω_1，请用矢量方程图解法求构件 5 的角速度 ω_5。

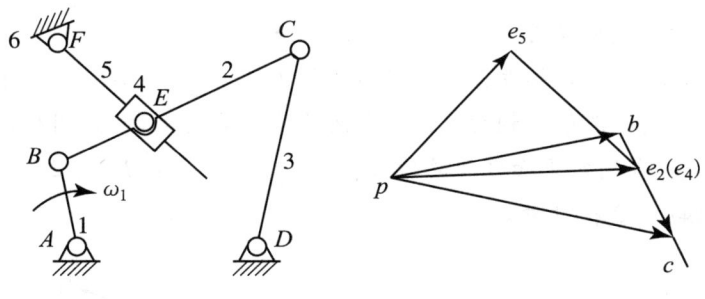

图 2-3 平面六杆机构　　图 2-4 速度图

【解】 分析如下：已知构件 1 的角速度 ω_1，则有 $v_B = \omega_1 l_{AB}$，方向垂直于 AB 向右。C、B 是同一刚体上的两点，因此有

	$\boldsymbol{v}_C$	=	$\boldsymbol{v}_B$	+	$\boldsymbol{v}_{CB}$
大小	?		$\omega_1 l_{AB}$		?
方向	$\perp DC$		$\perp AB$		$\perp BC$

因此,在速度图中可以求出 C 点的速度点 c,见图 2-4。

连接 bc,B、C、E 是同一构件 2 上的点,因此用速度影像法可以在速度图中求出 $E_2(E_4)$ 对应的点 $e_2(e_4)$。因为点 E 是构件 2、4 的铰链点,故 $v_{E2}=v_{E4}$。

构件 4 与构件 5 组成移动副,选择 E 点为重合点进行速度分析,有如下关系:

$$v_{E5} = v_{E4} + v_{E5E4}$$

| 大小 | ? | 已知 | ? |
| 方向 | $\perp EF$ | 已知 | $/\!/EF$ |

在速度图中可以求出 e_5,因此构件 5 上 E 点的绝对速度大小为

$$v_{E5} = \mu_v \cdot \overline{pe_5} \tag{2-3}$$

构件 5 的角速度 ω_5 为

$$\omega_5 = \frac{v_{E5}}{l_{EF}}, 方向由 p 指向 e_5。 \tag{2-4}$$

2.5 本章习题

2.5.1 概念题

(1) 平面机构中,三个运动的构件间共有_____个速度瞬心,它们必定位于_____。

(2) 当两个构件组成移动副时,其瞬心位于_____;当两个构件组成纯滚动的高副时,其瞬心位于_____;不直接接触的两个构件间瞬心可运用_____定理来求。

(3) 互作平面相对运动的两构件上,瞬时绝对速度相等的重合点称为两构件的_____瞬心,当_____时,称为绝对瞬心。相对瞬心与绝对瞬心相同点是_____,而不同点是_____。

(4) 用矢量方程图解法对机构进行速度分析时,若已知某刚体上两点的绝对速度,则该刚体上其他任意一点的速度可以用_____方法求解。

(5) 如图 2-5 所示机构,当构件 3 与机架间夹角 ψ 为_____度时,ω_3 与 ω_1 相等。

(6) 如图 2-6 所示,一圆柱体相对一固定平面作滚动兼滑动运动,圆柱体上 K 点的速度方向如图所示,则圆柱体与固定平面之间的瞬心在_____(①M 点,②N 点),该瞬心属于_____(①绝对瞬心,②相对瞬心)。

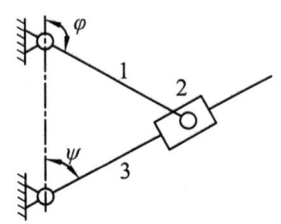

图 2-5 转动导杆机构

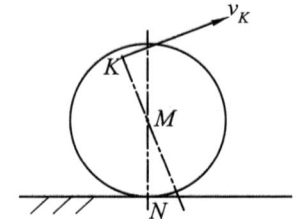

图 2-6 平面上滚动兼滑动的圆柱体

(7)在用矢量方程图解法作机构速度分析时,若已知某一构件上两点的速度,则可以利用速度影像原理求出_____的速度。
(A)该构件上其他点　　(B)机构上其他点　　(C)相邻构件上任一点
(8)相对瞬心和绝对瞬心的区别是_____。
(A)相对瞬心上有相对速度,绝对瞬心上没有相对速度
(B)利用相对瞬心不能求得构件上某点的绝对速度,只有利用绝对瞬心才能求得构件上某点的绝对速度
(C)相对瞬心是两个构件上速度不为零的等速重合点,绝对瞬心是两个构件上速度为零的等速重合点
(9)精确、高效地进行机构运动分析应采用_____。
(A)解析法　　　　　　(B)瞬心法　　　　　　(C)矢量方程图解法

2.5.2 综合题

(1)如图 2-7 所示曲柄摇块机构,已知构件 1 的角速度为 ω_1。

①标出机构图示位置时的全部速度瞬心,并用瞬心法求出构件 3 的角速度大小和方向,写出表达式,保留作图线;

②用矢量方程图解法求解构件 3 角速度的大小和方向,写出速度矢量方程,作出速度多边形图。

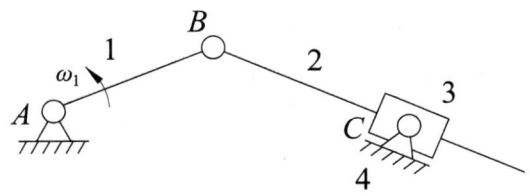

图 2-7　曲柄摇块机构

(2)如图 2-8 所示连杆机构,已知 $\omega_1 = 20$ rad/s,转向如图所示,$l_{AB} = 45$ mm,$l_{AC} = 25$ mm,$l_{CD} = 20$ mm,$l_{DE} = 50$ mm,$l_{EF} = 15$ mm。用矢量方程图解法求构件 5 上 F 点的速度 v_F。

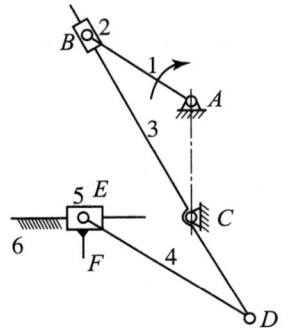

图 2-8　连杆机构

(3) 求图 2-9 所示机构在图示位置时的全部瞬心。其中构件 1 在地面上作滚动兼滑动,M 点的速度方向如图所示。

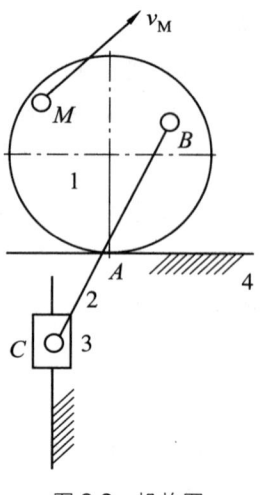

图 2-9 机构图

(4) 如图 2-10 所示机构,已知 $l_{AC}=140$ mm,$l_{CD}=180$ mm,构件 1 的角速度 $\omega_1=20$ rad/s,$\varphi_1=60°$。
① 求出机构的全部瞬心;
② 求杆 3 上 D 点的速度 v_D 及构件 3 的角速度 ω_3;
③ 求杆 3 上 D 点的加速度 a_D 及构件 3 的角加速度 ε_3。

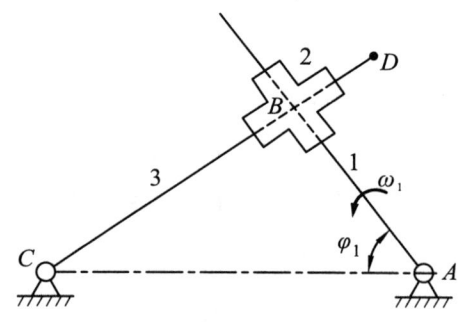

图 2-10 十字滑块机构

(5) 如图 2-11 所示刨床机构,已知曲柄转速 $\omega_1=2$ rad/s,转向如图所示,$l_{AB}=100$ mm。$l_{BC}=90$ mm,$l_{DC}=270$ mm,$l_{DE}=100$ mm,且 A 点与移动副的垂直距离 200 mm,用矢量方程图解法求构件 5 上 F 点的速度 v_F。

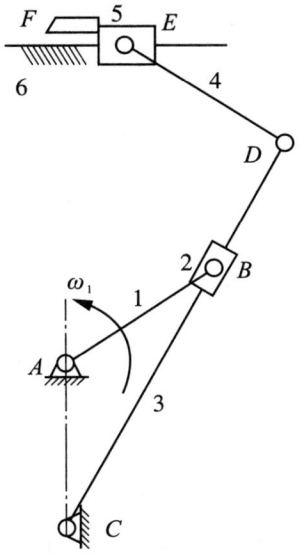

图 2-11 刨床机构

（6）如图 2-12 所示机构，$l_{AB}=20$ mm，$l_{BC}=60$ mm，$l_{BD}=l_{DE}=20$ mm，$\varphi_1=60°$，$\omega_1=10$ rad/s。试用矢量方程图解法求 v_C、ω_2 和 v_E。

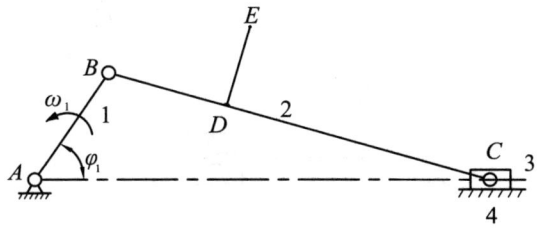

图 2-12 曲柄滑块机构

（7）如图 2-13 所示机构，已知 $\omega_1=10$ rad/s，试确定机构在图示位置时的全部速度瞬心，并用瞬心法求构件 3 的移动速度 v_3 的大小和方向。

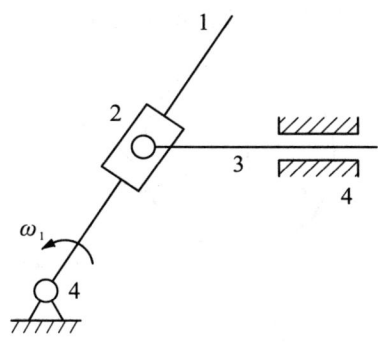

图 2-13 机构图

(8) 如图2-14所示机构,已知ω_1,此刻AB与BC处于共线位置,且$BC \perp DC$。试用矢量方程图解法求图示位置构件3的角速度ω_3。(速度比例尺任取)

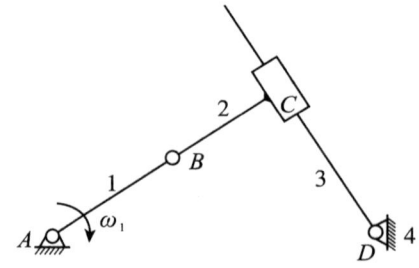

图2-14 机构图

(9) 如图2-15所示六杆机构:
① 找出瞬心P_{16}、P_{12}、P_{23}、P_{36}、P_{34}、P_{45}、P_{56}、P_{26}、P_{13}、P_{35} 及 P_{15};
② 若已知构件1的角速度为ω_1,请列出瞬心法求解构件5的移动速度v_5的表达式;
③ 用矢量方程图解法求出此时构件3的角速度ω_3,并说明其方向。

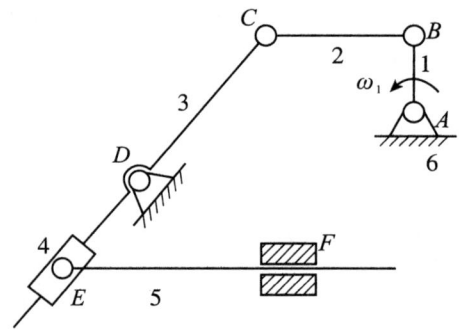

图2-15 六杆机构

(10) 如图2-16所示机构,已知齿轮1为主动件,以角速度ω_1绕A点转动,杆件4与齿轮1、2的几何中心相连,杆件5与齿轮2、3的几何中心相连。
① 请在图中标出瞬心P_{16}、P_{14}、P_{12}、P_{24}、P_{25}、P_{45}、P_{23}、P_{36} 及 P_{13};
② 用瞬心法求出此时齿轮3的角速度ω_3的表达式。

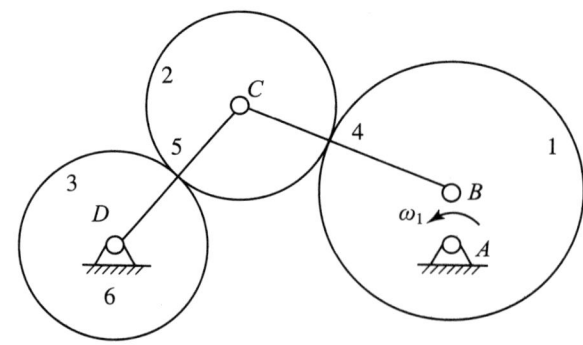

图2-16 齿轮连杆组合机构

(11) 如图 2-17 所示凸轮机构，构件 1 为主动件，角速度为 ω_1。
① 请指出此刻机构的所有瞬心所在位置；
② 列出构件 2 的摆动角速度 ω_2 与凸轮转速 ω_1 之间的关系式。

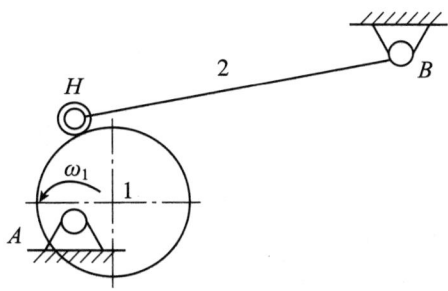

图 2-17 凸轮机构

(12) 如图 2-18 所示的平面连杆机构，已知构件 1 的角速度 ω_1，请用矢量方程图解法求构件 5 的线速度和加速度，列出矢量方程，写出求解过程。

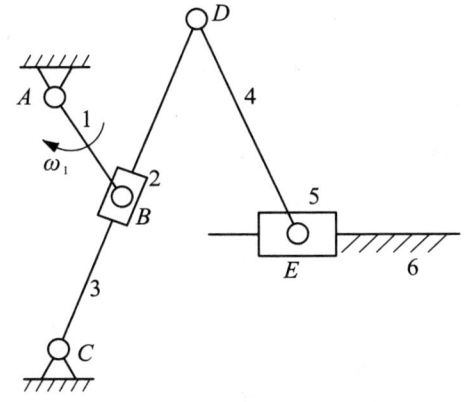

图 2-18 平面连杆机构

(13) 如图 2-19 所示平面机构，齿轮 1 为主动件，角速度为 ω_1，已知各构件的几何尺寸。
① 请指出该机构此刻瞬心 P_{12}、P_{15}、P_{25}、P_{23}、P_{24}、P_{35}、P_{45}、P_{34}、P_{14} 所在位置；
② 用瞬心法求解构件 4 的线速度，列出表达式；
③ 请用矢量方程图解法求构件 4 的线速度。

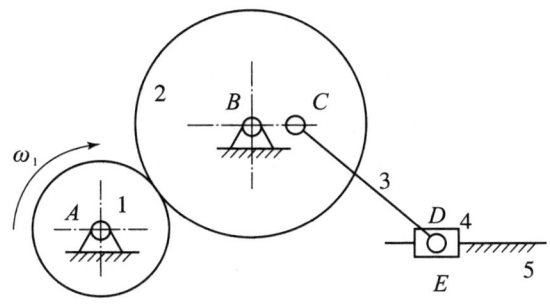

图 2-19 齿轮连杆组合机构

第 2 章 平面机构的运动分析 23

(14) 如图 2-20 所示平面六杆机构运动简图,已知原动件 1 的角速度为 ω_1,E 为构件 BC 的中点。

① 用速度瞬心法确定瞬心 P_{15} 的位置,并写出滑块 5 的速度 v_5 的表达式;
② 用矢量方程图解法求 v_{C2},并利用速度影像原理求 v_E;
③ 用矢量方程图解法求滑块 5 的速度 v_5,并写出表达式。

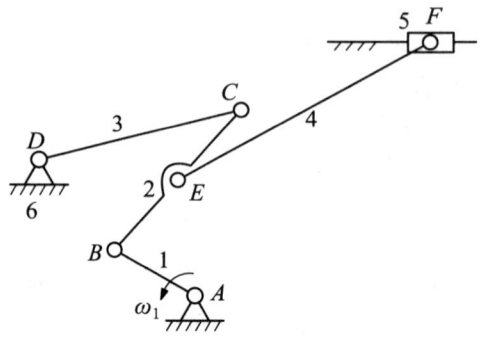

图 2-20 平面六杆机构

(15) 在图 2-21 所示机构中,已知构件 2 以 $\omega_2 = 10$ rad/s 等角速回转,在图示位置时,求:
① 瞬心 P_{24},构件 4 的角速度 ω_4(大小和方向);
② 瞬心 P_{23},构件 3 的角速度 ω_3(大小和方向);
③ 瞬心 P_{26},构件 6 的速度 v_6(大小和方向);
④ 采用矢量方程图解法求 F 点的速度(大小和方向)。

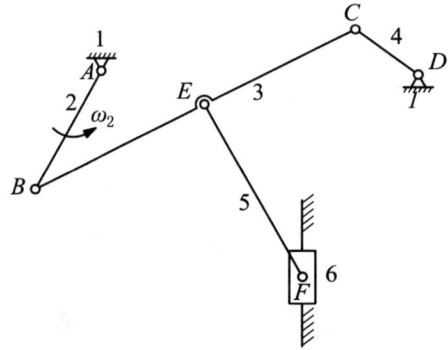

图 2-21 平面连杆机构

(16) 如图 2-22 所示一种剑杆织机的引纬传剑机构,当曲柄 1 旋转时,通过齿条 3、齿轮 4 和齿轮 5 带动传剑轮 6 摆动,进而驱动剑带 7 往复运动。若已知曲柄滑块机构的杆长、各齿轮的分度圆直径大小以及传剑轮的直径尺寸,请计算剑带的线速度。

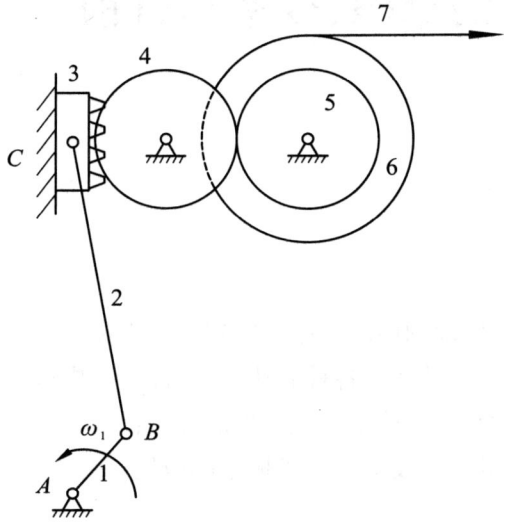

图 2-22 剑杆织机的引纬传剑机构

第 3 章 机械中的摩擦、效率与自锁

 3.1 本章教学要求

(1)能够对平面移动副、转动副中的摩擦问题进行分析和计算;
(2)掌握机械效率的概念及效率的各种表达式,掌握简单机械的效率计算方法;
(3)正确理解自锁的概念,掌握确定自锁条件的方法;
(4)了解提高机械效率的途径及摩擦在机械中的应用。

 3.2 本章基本概念

表 3-1 本章基本概念汇总

序号	概念	定义
1	总反力	运动副中法向反力和摩擦力的合力称为运动副的总反力(total reaction)
2	当量摩擦因数	在实际工程中,许多不同的摩擦力最终都可以用 $F_f = f_v \times N$ 的关系表示。其中 F_f 为摩擦力;N 为产生摩擦力的正压力;f_v 为当量摩擦因数(equivalent friction coefficient),f_v 与接触面的摩擦因数及几何形状有关
3	摩擦角	总反力与法向反力之间的夹角称为摩擦角(friction angle)
4	当量摩擦角	当量摩擦角(equivalent friction angle) $\alpha_v = \arctan(f_v)$,是把不同的摩擦形式最终转化成最普通的斜面滑块形式时对应的摩擦角
5	摩擦圆	转动副中,以轴的转动中心为圆心,以其半径 r 与摩擦因数 f 的乘积($\rho = r \times f$)为半径所作的圆,称为摩擦圆(friction circle),ρ 为摩擦圆半径
6	当量摩擦圆	转动副中,以轴的转动中心为圆心,以其半径 r 与当量摩擦因数 f_v 的乘积($\rho_v = r \times f_v$)为半径所作的圆,称为当量摩擦圆(equivalent friction circle),ρ_v 为当量摩擦圆半径
7	机械效率	机械的输出功与输入功之比称为机械效率(mechanical efficiency),它反映输入功在机械中的有效利用程度,以 η 表示
8	串联机组的效率	组成机组的各机器依次顺序连接,前一台机器的输出为后一台机器的输入,这种连接方式称为串联机组(series unit)。串联机组的总效率等于组成该机组的各台机器效率的连乘积:$\eta = \eta_1 \eta_2 \cdots \eta_k$
9	并联机组的效率	机组的输入功率 P_d 为各机器输入功率 P_{di} 之和,输出功率 P_r 也是各机器输出功率 P_{ri} 之和,这种机组称为并联机组(parallel unit)。并联机组的效率计算公式为 $\eta = P_r/P_d = \sum P_{ri}/\sum P_{di} = (\eta_1 P_1 + \eta_2 P_2 + \cdots + \eta_k P_k)/(P_1 + P_2 + \cdots + P_k)$
10	混联机组的效率	计算混联机组的效率时,首先将输入功至输出功的路线弄清楚,然后分别计算出总的输入功率 $\sum P_d$ 和总的输出功率 $\sum P_r$,混联机组的总效率为 $\eta = \sum P_r/\sum P_d$

(续表)

序号	概念	定义
11	机械的自锁	无论驱动力多大,机械都无法沿驱动力的作用方向运动,这种现象称为机械的自锁(self-locking)
12	移动副自锁的条件	施加于滑块上的驱动力作用在其摩擦角之内,移动副将发生自锁
13	转动副自锁的条件	如果作用在轴颈上的外载荷只有一个力 F,当 F 的作用线离轴颈转动中心的距离小于摩擦圆半径时,转动副将自锁
14	螺旋副自锁的条件	螺旋副的自锁条件为,螺旋升角小于或等于螺旋副的摩擦角或当量摩擦角。实际上就是斜面自锁的条件
15	机械自锁的条件	(1) 对于单自由度机构,若机构中某一运动副发生自锁,则该机构必发生自锁; (2) 当机械的效率小于或等于零,即 $\eta \leq 0$,该机械自锁(此时 η 已没有一般效率的意义,只表明机械自锁的程度); (3) 机械克服的生产阻力 G 小于或等于零($G \leq 0$),该机械自锁(意味只有当生产阻力反向变为驱动力后,才可使机械运动); (4) 根据自锁的实质来确定:若作用在构件上的驱动力的有效分力总是小于或等于由其所引起的同方向上的最大摩擦力,则发生自锁

3.3 本章难点

(1) 移动副中的摩擦力及总反力的确定

如图 3-1 所示的移动副,构件 1(滑块)相对于构件 2(平面)运动(或有相对运动的趋势)时,在两构件的接触面之间存在摩擦力。构件 2 作用于构件 1 的法向反力 $N_{21}(=G)$,构件 2 作用于构件 1 的摩擦阻力 $F_{f21}=fN_{21}$。摩擦力与法向反力的矢量之和 R_{21} 称为构件 2 作用于构件 1 的总反力。R_{21} 与正压力 N_{21} 之间的夹角 φ 称为摩擦角,R_{21} 与相对运动速度 v_{12} 之间的夹角为 $(90°+\varphi)$。

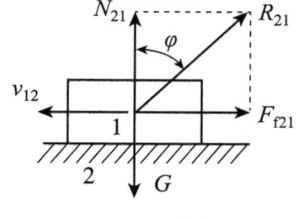

图 3-1 移动副

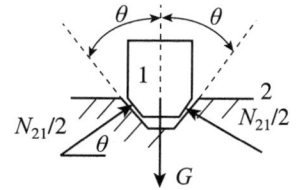

图 3-2 楔形面接触

由 $F_{f21}=fN_{21}$ 可知,当两构件之间的摩擦因数一定时,摩擦力的大小取决于两构件之间的法向反力,而法向反力的大小不仅与外载荷有关,也与两构件接触面的几何形状有关。如图 3-2 所示,构件 1、2 之间是楔形面接触,根据力的平衡原理,构件 2 作用于构件 1 的法向反力为

$$N_{21} = G/\sin\theta \tag{3-1}$$

因此,摩擦力

$$F_{f21} = fN_{21} = fG/\sin\theta \tag{3-2}$$

为了统一起见,将式(3-2)表示为

$$F_{f21} = f_v G \tag{3-3}$$

式中,f_v 称为当量摩擦因数,其与接触面的几何形状有关,对于楔形面,$f_v = f/\sin\theta$。

当两构件以圆柱面接触时,如图3-3所示,它们之间的摩擦力为

$$F_{f21} = f N_{21} = f k G = (f k) G = f_v G \tag{3-4}$$

其中 k 的取值取决于两表面之间的接触情况:点或线接触时,$k \approx 1$;半圆周均匀接触时,$k = \pi/2$;其余情况 $k = 1 \sim \pi/2$,视包角的大小而定。

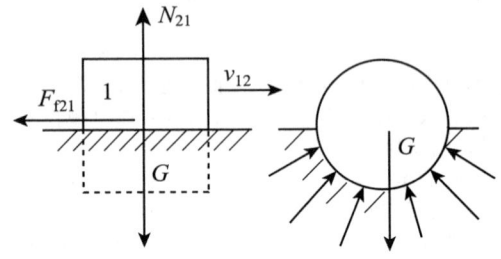

图3-3 移动副为圆柱面

(2) 转动副中的摩擦力及总反力的确定

如图3-4所示的转动副中,作用于构件1上的外力 P 到转轴转动中心的距离为 a。构件2(轴承座)作用于1上的总反力为 R_{21}(其中,法向反力为 N_{21},摩擦力为 F_{f21}),ρ 为摩擦圆半径。当轴1静止或匀速转动状态下,根据力的平衡原理,构件2作用于构件1的总反力 R_{21} 与外力 P 的大小相等、方向相反,且与摩擦圆相切,即 $R_{21} = P$。摩擦力矩 $M_{f21} = F_{f21} \cdot r = R_{21} \cdot \rho$,方向与 ω_{12} 相反。

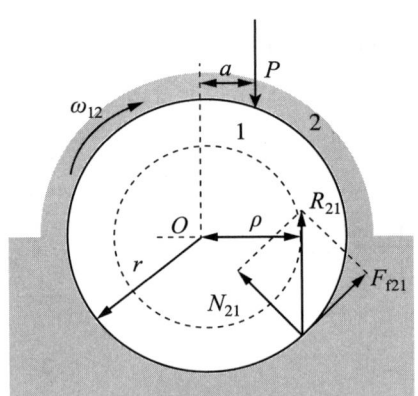

图3-4 转动副中的摩擦力

因此,转动副中总反力 R_{21} 的确定方法如下:

①R_{21} 与外载荷 P 等值反向,且恒切于摩擦圆;

②R_{21} 对轴颈中心的力矩 M_{f21}(摩擦力矩)的方向总是与 ω_{12}(构件1相对于构件2的转动角速度)相反。

（3）自锁现象及自锁条件的判定

无论驱动力多大，机械都无法运动的现象称为机械的自锁。其原因是由于机械中存在摩擦力，且驱动力作用在某一范围之内。一个自锁机构，只是对于满足自锁条件的驱动力在一定运动方向上的自锁；而对于其他外力，或在其他运动方向上，不一定自锁。因此，在讨论自锁时，一定要说明是针对哪个力、在哪个方向上自锁。

3.4 本章例题

【例题1】 如图3-5所示机床滑板的运动方向垂直于纸面，滑板与机床台面间的摩擦因数为f。请推导滑板与台面间的当量摩擦因数表达式，并求当$f=0.15, \beta=60°, x=L/3$时，当量摩擦因数是多少？

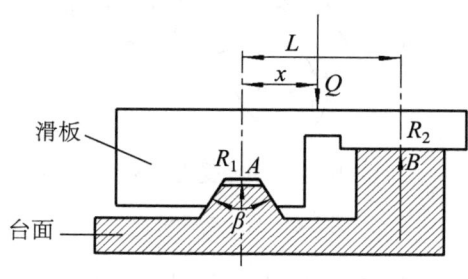

图3-5 机床滑板

【解】 工作台对滑板的支撑力可简化到A、B两点的R_1和R_2，R_1为楔形支撑面两侧的法向支撑反力在竖直方向的合力，R_2为右侧平面的支撑反力。根据力的平衡原理，有

$$\begin{cases} R_1 = \left(1 - \dfrac{x}{L}\right)Q \\ R_2 = \dfrac{x}{L}Q \end{cases} \tag{3-5}$$

则在左侧楔形面处产生的摩擦阻力F_{f1}为

$$F_{f1} = f_{v1} \cdot R_1 = \frac{f}{\sin(\beta/2)}\left(1 - \frac{x}{L}\right)Q \tag{3-6}$$

在右侧平面处产生的摩擦力F_{f2}为

$$F_{f2} = f_{v2} \cdot R_2 = f \cdot \frac{x}{L}Q \tag{3-7}$$

因此，滑板与工作台之间总的摩擦力为

$$F_f = F_{f1} + F_{f2} = \frac{f}{\sin(\beta/2)}\left(1 - \frac{x}{L}\right)Q + f \cdot \frac{x}{L}Q = f\left[\frac{1 - x/L}{\sin(\beta/2)} + \frac{x}{L}\right] \cdot Q = f_v \cdot Q \tag{3-8}$$

当量摩擦因数为

$$f_v = \left[\frac{1 - x/L}{\sin(\beta/2)} + \frac{x}{L}\right]f \tag{3-9}$$

当 $f=0.15$，$\beta=60°$，$x=L/3$ 时，代入式(3-9)可得

$$f_v = \left[\frac{1-x/L}{\sin(\beta/2)} + \frac{x}{L}\right] = \left[\frac{1-1/3}{\sin 30°} + \frac{1}{3}\right] \times 0.15 = 0.2 \tag{3-10}$$

【例题2】 如图3-6所示凸轮连杆机构，已知各构件的尺寸，各转动副处的摩擦圆半径、移动副及凸轮高副 A 处的摩擦角 φ，凸轮为主动件，所受驱动力矩 M_1，转动角速度 ω_1，逆时针转动，作用在构件4上的工作阻力 Q 水平向右。求图示位置：①各运动副的总反力大小和方向；②施加于凸轮1上的驱动力矩 M_1 的大小。

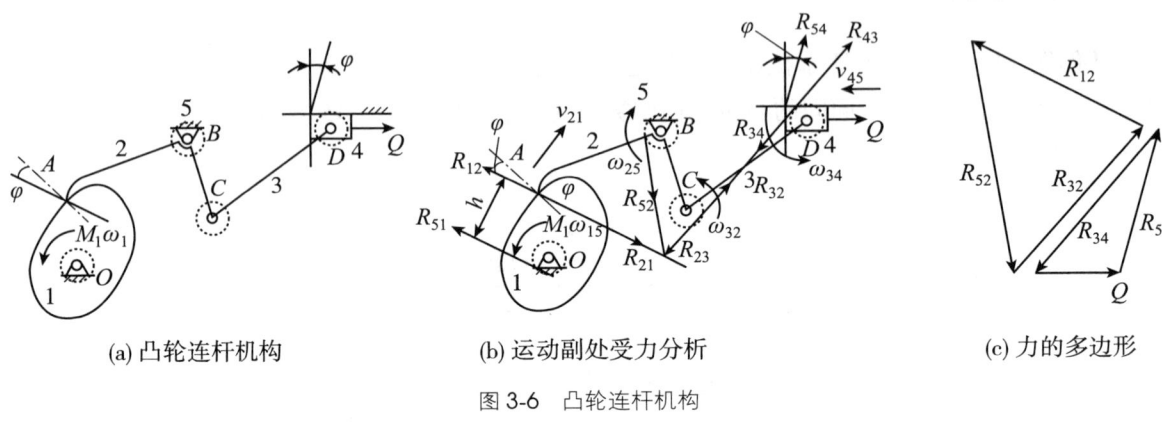

(a) 凸轮连杆机构　　(b) 运动副处受力分析　　(c) 力的多边形

图3-6　凸轮连杆机构

【解】 机构在凸轮受驱动力矩 M_1 和滑块受阻力 Q 的条件下处于平衡状态，因此各构件受到的力达到平衡。

(1) 确定运动副处反力的方向

① 各构件间相对运动方向的确定：凸轮逆时针旋转，构件2与构件1在 A 点接触相对滑动，图示位置时，v_{21} 沿 A 点切线方向；构件2绕 B 点顺时针转动，构件3将逆时针旋转，滑块4水平向左运动，v_{21}、ω_{25}、ω_{32}、ω_{34} 及 v_{45} 的方向如图3-6(b)所示。

② 各构件受到的力及方向：不计构件的重量和惯性力，各构件受到的力(力矩)如表3-2所示。

表3-2　各构件受到的力(力矩)

项目	构件1	构件2	构件3	构件4
力/力矩	M_1、R_{51}、R_{21}	R_{12}、R_{52}、R_{32}	R_{23}、R_{43}	R_{54}、R_{34}、Q
方向	R_{21} 与 v_{21} 夹角为 $(90°+\varphi)$；R_{51} 与 O 点处摩擦圆相切，与 ω_{15} 反向，与 R_{21} 平行且反向	R_{12} 与 R_{21} 反向；R_{32} 与 R_{23} 反向；R_{52} 与 B 点处摩擦圆相切，与 ω_{25} 反向，且与 R_{12}、R_{32} 汇交于一点	R_{23} 与 R_{32} 反向；R_{43} 与 R_{34} 反向；R_{23}、R_{43} 反向且共线	R_{54} 与 v_{45} 夹角为 $(90°+\varphi)$，由构件5指向构件4；R_{34} 与 R_{43} 反向；R_{54}、R_{34}、Q 三力汇交于一点

(2) 确定运动副处反力的大小

根据力平衡关系，构件2、4上受到的作用力构成汇交力系，构件3为二力杆，因此有

构件2：$R_{12}+R_{32}+R_{52}=0$
构件3：$R_{23}=-R_{43}$
构件4：$R_{34}+R_{54}+Q=0$
且 $R_{23}=-R_{32}$，$R_{34}=-R_{43}$，$R_{23}=-R_{43}$

根据上述关系，选取恰当的力比例尺 μ_F(N/mm)，从已知 Q 开始，绘制力多边形，如图3-6(c)所示。量取表示各力的线段长度，即可求出各力的大小：

$$R_{ij} = l_{Rij}\mu_F \tag{3-11}$$

(3) 求凸轮1上需要施加的驱动力矩

凸轮1除受到力 R_{51}、R_{21} 作用之外，还受到驱动力矩 M_1 的作用，根据平衡原理有

$$\begin{cases} R_{21} = R_{51} \\ M_1 = R_{21} \cdot h \cdot \mu_l \end{cases} \tag{3-12}$$

式中：h 为图上 R_{21} 与 R_{51} 之间的距离；μ_l 为绘图比例尺。

【例题3】 图3-7所示为一焊接用楔形夹具，利用这个夹具把工件1和1′预先夹妥，以便焊接。图中2为夹具，3为楔块，楔形角为 α，若已知各接触面间的摩擦因数均为 f，摩擦角为 φ，试确定此夹具的自锁条件。

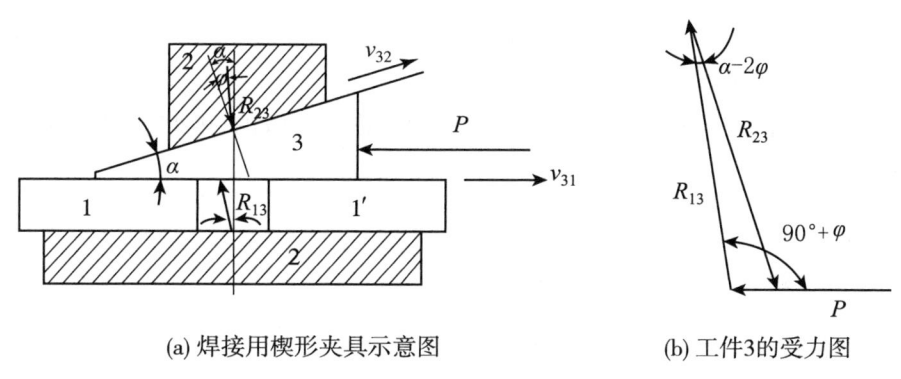

(a) 焊接用楔形夹具示意图   (b) 工件3的受力图

图3-7 焊接用楔形夹具

下面用三种方法对上述问题求解。

【解法1】 根据反行程时 $\eta' \leq 0$ 的自锁条件来确定。

设楔块3向左运动为正行程，反行程时楔块将松脱。取楔块3为分离体，其受工件1(及1′)和夹具2的反作用力 R_{13} 和 R_{23} 以及外力 P 的作用。反行程时，构件3相对于构件2和构件1(1′)的速度方向如图3-7(a)所示，因此，R_{13} 和 R_{23} 的方向也就确定。根据楔块3的受力平衡条件，作力封闭三角形如图3-7(b)所示。

反行程时 R_{23} 为驱动力，由正弦定理可得

$$R_{23} = P\frac{\cos\varphi}{\sin(\alpha - 2\varphi)} \tag{3-13}$$

当 $\varphi=0$(不考虑摩擦)时,得理想驱动力为

$$R_{230} = \frac{P}{\sin\alpha} \tag{3-14}$$

于是可得此机构反行程的机械效率为

$$\eta' = \frac{理想驱动力}{实际驱动力} = \frac{理想驱动力矩}{实际驱动力矩} \tag{3-15}$$

$$\eta' = \frac{R_{230}}{R_{23}} = \frac{\sin(\alpha-2\varphi)}{\sin\alpha\times\cos\varphi}$$

当 $\eta' \leq 0$ 时机构自锁,因此,自锁条件为: $\alpha \leq 2\varphi$。

【解法2】 根据反行程时生产阻力小于或等于零的条件来确定。

滑块反行程运动时,外力 P 为阻力。根据楔块3的受力三角形,由正弦定理有

$$P = R_{23}\frac{\sin(\alpha-2\varphi)}{\cos\varphi} \tag{3-17}$$

若楔块3不自动松脱,则应使 $P \leq 0$,即得自锁条件为: $\alpha \leq 2\varphi$。

【解法3】 根据运动副的自锁条件来确定。

由于工件被夹紧后 P 力就被撤消,楔块3就如同一个只受到 R_{23}(此时为驱动力)作用而沿水平面移动的滑块。故只要 R_{23} 作用在摩擦角 φ 之内,楔块3即发生自锁。R_{23} 与竖直方向之间的夹角为$(\alpha-\varphi)$,要使 R_{23} 作用在摩擦角 φ 之内,即

$$\alpha - \varphi \leq \varphi \tag{3-18}$$

所以,楔块3发生自锁的条件是: $\alpha \leq 2\varphi$。

【总结】 由上述分析可知,用三种方法得出的结论是一致的,因此,具体选用什么方法求解可根据题目的已知条件进行选择。

3.5 本章习题

3.5.1 概念题

(1)从受力的观点来分析,单力作用的移动副的自锁条件是_____;单力作用的转动副的自锁条件是_____。从效率的观点来看,机械的自锁条件是_____,对于反行程自锁机构,其正行程的机械效率 η 一般小于_____。

(2)工程中三角带传动比平带传动用得更为广泛,从摩擦角度来看,其主要原因_____。

(3)一个机械考虑摩擦力时所需驱动力为 F,不计摩擦力时其所需驱动力为 F_0,则机械的效率 η = _____。

(4)螺旋千斤顶在重力作用下应具有自锁性,其自锁条件是 α(螺纹升角)_____φ_v(当量摩擦角);当量摩擦角 φ_v 与当量摩擦因数 f_v 的关系是_____。

(5)当机械发生自锁时,无论驱动力如何增大都不能使机械发生运动。实质上是驱动力

所能做的功总不足以克服其所能引起的最大损失功,这时效率 η _____ 0。

(6) 三角螺纹的摩擦力 _____ 矩形螺纹的摩擦力,因此,前者多用于 _____ 场合 (①传动;②紧固联接)。

(7) 所谓反行程自锁机构,即在 _____ 行程时不能运动,而在正行程时,它的效率一般小于 _____。

8. 影响转动副中摩擦圆大小的因素是 _____ 和 _____。

(9) 螺旋千斤顶能否自锁与顶起物体的重量 ____ 关,与螺旋线升角的大小 ____ 关(①有;②无)。

(10). 判断一个机构是否自锁,可以看其 _____ 或 _____ 是否≤0。

(11) 当机构在 _____ 和 _____ 的情况下将无法运动。

(12) 槽形角为 2θ 的槽面接触移动副,其当量摩擦因数 f_v 等于 _____。

(13) 在相同载荷、相同摩擦因数条件下,槽形角为 2θ 的楔形滑块移动副的摩擦力是单一平面滑块移动副的摩擦力的 ____ 倍。

(14) 某机组由 1、2、3 三台机器组成,各台机器的效率分别为 η_1、η_2、η_3,输入功率分别为 P_1、P_2、P_3,则图 3-8(a) 机组的总效率为 _____,图 3-8(b) 机组的总效率为 _____。

(a) 并联机组　　　　(b) 串联机组

图 3-8　机组

(15) 定轴轮系中串联的齿轮对数越多,则轮系的传动总效率越 _____ (①高;②低)。

(16) 由单机效率各不相同的若干机器并联构成的机组中,最高、最低效率分别为 η_{max}、η_{min},则机组的总效率 η 为 _____ (①$\eta<\eta_{min}$;②$\eta \geq \eta_{max}$;③$\eta_{min} \leq \eta \leq \eta_{max}$;④$\eta_{min} > \eta > \eta_{max}$)。

(17) 当两运动副元素的材料一定时,它们之间的当量摩擦因数取决于 _____
①运动副元素的几何形状　　　　②运动副元素之间相对运动速度的大小
③运动副元素间作用力的大小　　　　④运动副元素间温差的大小

(18) 机械效率等于 _____ 功与 _____ 功之比,它反映了功在机械中的有效利用程度。机械效率是为了克服生产阻力所需的 _____ 力和 _____ 力之比。提高机械效率的途径是 _____。

(19) 并联机组的总效率不仅与各个机器的效率有关,还与 _____ 有关。串联机组中,机器数量越多,机组效率越 _____。

(20) 当作用于转动副上的单一驱动力的力臂 _____ 于摩擦圆半径时,转动副将自锁。决定摩擦圆半径大小的是摩擦因数(或当量摩擦因数)和 _____ 的大小。

(21)移动副中,同等条件下,槽面接触产生的摩擦力_____于单一平面接触产生的摩擦力。槽面摩擦的当量摩擦因数f_v与_____和_____两因素有关,若槽形角为2θ,则槽面摩擦的当量摩擦因数$f_v =$ _____f。

(22)一材料为铸铁的V形带轮,其槽形角为34°,传动带为橡胶,铸铁与橡胶之间的摩擦因数为0.8,则V形带与带轮之间的当量摩擦因数是_____。

(23)机械效率$\eta =$ _____(①摩擦功/输入功;②输出功/输入功;③摩擦功/输出功)。

(24)如图3-9所示机构,各铰链处的摩擦圆如图所示,已知F为驱动力,则作用于连杆BC上的运动副总反力的方向应如图_____所示。

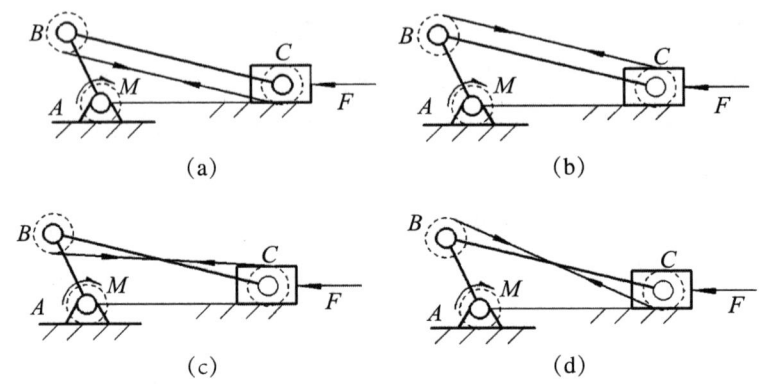

图3-9 机构图

3.5.2 综合题

(1)如图3-10所示楔形槽面机构,已知物体1和2在接触面上的摩擦因数为$f = 0.1$。求:

①当量摩擦因数f_v和当量摩擦角φ_v;

②当滑块2匀速下滑时,在左图中画出物体1对2的总反力F_{R12};

③画出物体2所受的力三角形,并求滑块2匀速下滑时所需阻力P的表达式;

④当滑块在斜面上保持自锁时,α角应满足的条件是什么?

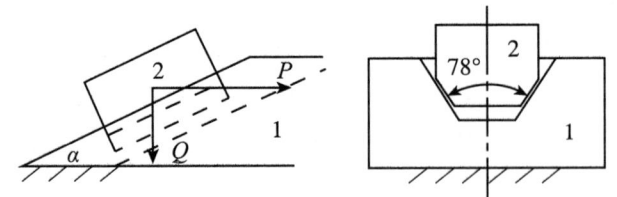

图3-10 楔形横槽面机构

(2)如图3-11所示曲柄滑块机构,M_d为驱动力矩,F_r为生产阻力,虚线圆为摩擦圆,已知滑块3与机架之间的摩擦因数$f = 0.053$,连杆2为二力杆。试确定:

①连杆2两端转动副所受的总反力F_{R12}、F_{R32}的方位;

②滑块 3 所受的转动副总反力 F_{R23} 及移动副总反力 F_{R43} 的方位。

(3) 如图 3-12 为偏心圆盘凸轮机构简图，凸轮以 ω_1 逆时针方向转动，已知各构件尺寸，转动副的摩擦圆(虚线小圆)、摩擦角 φ，阻抗力为 Q。

①作出构件 1 和 2 上各运动副的总反力作用线，并作图求总反力 F_{R12}；

②假设阻抗力 Q 大小已知，写出作用在主动圆盘上的驱动力矩 M_d 与 Q 的关系式。

(4) 如图 3-13 所示机构，M_d 为驱动力矩，F_r 为生产阻力，虚线圆为摩擦圆。已知滑块 3 与推杆 2 以及推杆 2 与凸轮之间运动副的摩擦因数 $f=0.053$，不计滑杆 4 与机架 5 以及滑杆 4 与滑块 3 之间运动副的摩擦力。试画出推杆 2 的受力图。

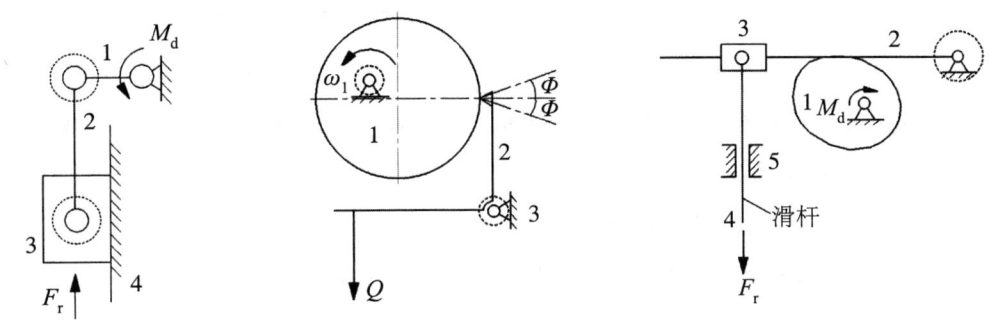

图 3-11 曲柄滑块机构　　图 3-12 偏心圆盘凸轮机构　　图 3-13 机构图

(5) 如图 3-14 所示凸轮机构，轮 1 为主动件，虚线小圆为摩擦圆。试确定：

①轮 1 作用给推杆 2 的总反力 F_{R12} 的方位(设摩擦角 $\approx 5°$)；

②机架 3 作用给推杆 2 的总反力 F_{R32} 的方位。

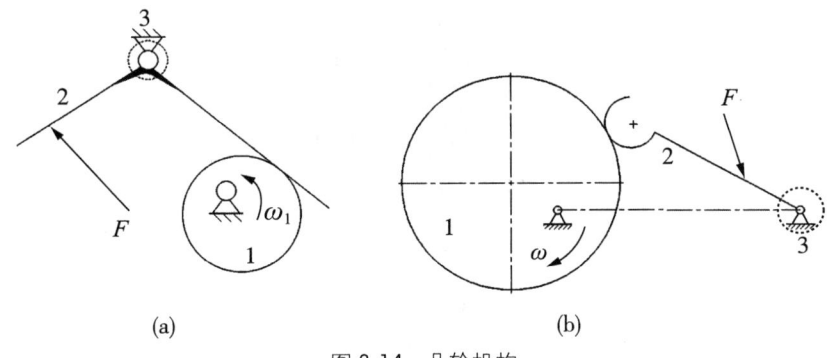

图 3-14 凸轮机构

(6) 如图 3-15 所示凸轮机构，凸轮为原动件，且以角速度 ω_1 逆时针方向匀速转动。已知机构位置和各构件尺寸，作用于构件 2 上的生产阻力 Q，凸轮与摆杆之间的摩擦因数 $f=0.08$ 和转动副 A、C 处的当量摩擦因数 $f_v=0.1$，转动副处的轴半径 $r=8$ mm，不计惯性力和重力，试求：

①计算 A、C 处的摩擦圆半径 ρ(摩擦圆已标出)；

②标出构件 2 上各运动副中的总反力；

③画出构件2上的力多边形。

(7) 如图3-16所示机构中,各摩擦面间的摩擦角均为φ,Q为生产阻力,P为驱动力。试在图中画出在P力作用下各运动副中总反力的方向:R_{31}、R_{32}、R_{12}(包括作用线位置与指向)。

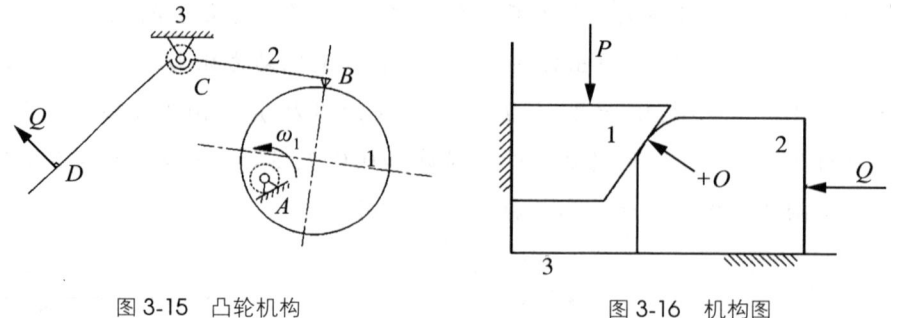

图3-15 凸轮机构　　　图3-16 机构图

(8) 如图3-17所示平压机,已知作用在构件1上的主动力$F=500$ N,转动副处的摩擦圆图中已画出,摩擦角大小为φ。

①请画出各构件上受到的作用力;

②选择恰当的力比例尺,画出力多边形,并求出压紧力Q的大小。

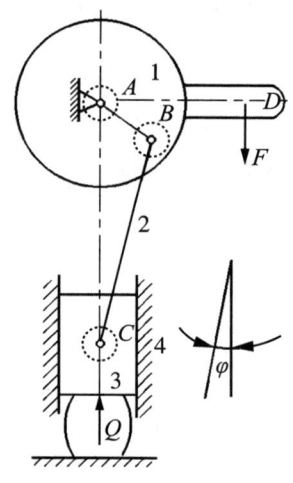

图3-17 平压机

(9) 如图3-18所示六连杆机构,已知各构件的尺寸,各转动副处的摩擦圆用虚线表示,移动副处的摩擦角为φ,作用在曲柄1上的驱动力矩M_1已知,曲柄顺时针转动。请确定各运动副中总反力的大小、方向以及机构能够克服的生产阻力Q的大小。

(10) 如图3-19所示偏心凸轮杠杆机构,转动副处摩擦圆半径$\rho=5$ mm,移动副处摩擦角$\varphi=10°$。请用图解法求在图示位置时,为提起重物$G=150$ N,应加在凸轮上的驱动力矩M_1的大小和方向。

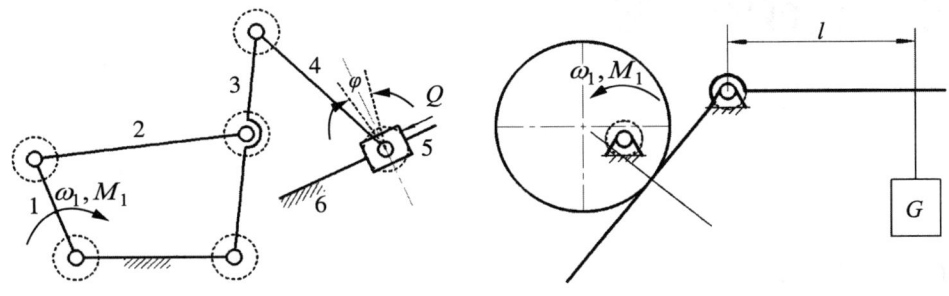

图 3-18 六连杆机构　　　　图 3-19 偏心凸轮杠杆机构

(11) 如图 3-20 所示电动卷扬机中,已知每对齿轮的传动效率 $\eta_{12}=\eta_{34}=0.95$,鼓轮的效率 $\eta_5=0.95$,滑轮的效率 $\eta=0.94$。重物 $Q=60$ kN,以 0.2 m/s 的速度均匀上升。试求电机的功率。

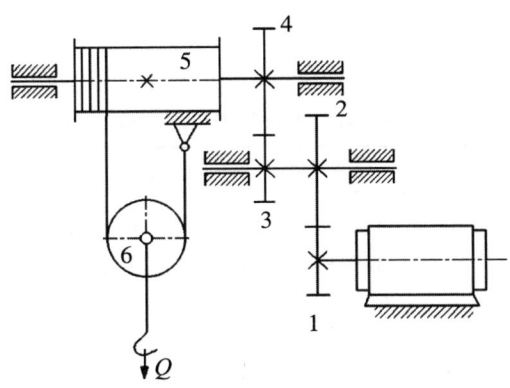

图 3-20 电动卷扬机

第4章 机械的平衡

 4.1 本章教学要求

(1) 了解机械平衡的目的及分类,掌握机械平衡的方法;
(2) 熟练掌握刚性转子的平衡设计方法,了解平衡实验的原理及方法;
(3) 了解挠性转子的特点及其与刚性转子的主要区别;
(4) 了解平面机构惯性力平衡的方法。

 4.2 本章基本概念

表 4-1 本章基本概念汇总

序号	概念	定义
1	机械平衡的目的	机械平衡的目的就是设法将构件的不平衡惯性力加以平衡,以消除或减小其不良影响。机械平衡对于高速机械及精密机械尤为重要
2	转子	绕固定轴回转的构件统称为转子(rotor)
2	刚性转子	当转子的工作转速低于$(0.60\sim0.75)n_{c1}$(n_{c1}为转子的第一阶临界转速),转子运转时产生的弹性变形可以忽略不计,称为刚性转子(rigid rotor)
2	挠性转子	当转子的工作转速大于$(0.60\sim0.75)n_{c1}$(n_{c1}为转子的第一阶临界转速),转子运转时产生的弹性变形不能忽略不计,称为挠性转子(flexible rotor)
3	转子的静平衡（单面平衡）	当转子的轴向宽度b与其直径D的比值$(b/D)<0.2$时,转子上的各不平衡质量可以看成分布在同一回转平面内,在此平面内增加(或减少)质量,使所有质量所产生的惯性力矢量和为零,即$\Sigma F=0$,转子即达到平衡。这种平衡叫作静平衡(static balance),又叫作单面平衡(single-plane balance)
4	转子的动平衡（双面平衡）	当转子的轴向宽度B与其直径D的比值$(B/D)>0.2$时,转子的轴向尺寸较大,不平衡质量不能再看成分布在同一回转平面内,必须利用平衡力系分解的原理,将每个离心惯性力分解到两个平衡平面上,然后在这两个平面上进行静平衡。这种平衡叫作动平衡(dynamic balance),又称双面平衡(two-plane balance)
5	机构的平衡	作往复运动或平面复合运动的构件,其所产生的惯性力无法在该构件本身上平衡,而必须在机架上对整个机构进行平衡,使惯性力的合力和合力偶完全或部分平衡。这种平衡又称机械在机座上的平衡

4.3 本章难点

（1）转子的静平衡

当转子的轴向宽度 B 与其直径 D 的比值 $(B/D)<0.2$ 时,转子上的各不平衡质量可以看成分布在同一回转平面内,在此平面内增加(或减少)质量,使所有质量所产生的惯性力矢量和为零,即 $\Sigma \boldsymbol{F}=0$,则转子即达到平衡。所增加的平衡质径积为

$$m_c r_c = \pm \left[\left(\pm \sum m_i r_i \cos\theta_i \right)^2 + \left(\pm \sum m_i r_i \sin\theta_i \right)^2 \right]^{1/2} \quad (4-1)$$

r_c 与 x 轴的夹角为

$$\theta_c = \arctan\left(\pm \sum m_i r_i \sin\theta_i \,/\, \pm \sum m_i r_i \cos\theta_i \right) \quad (4-2)$$

值得注意的是：①式(4-1)中 Σ 符号前的"$\pm$"号取决于不平衡产生的原因,即是因为增加质量还是去除质量引起的,如果是因为增加质量引起的不平衡,则取"$-$"号,反之取"$+$"号。而方括号前的"$\pm$"符号取决于采取什么方式进行平衡的,如果是增加材料进行平衡的,取"$+$"号,反之取"$-$"号。②平衡质量的方位角 θ_c 的取值取决于"$\pm \sum m_i r_i \sin\theta_i$"和"$\pm \sum m_i r_i \sin\theta_i$"的正负,如表 4-2 所示有四种情况。

表 4-2 平衡质量方位角所在象限的判断

$+\sum m_i r_i \sin\theta_i>0$ $+\sum m_i r_i \cos\theta_i>0$	$+\sum m_i r_i \sin\theta_i>0$ $-\sum m_i r_i \cos\theta_i<0$	$-\sum m_i r_i \sin\theta_i<0$ $+\sum m_i r_i \cos\theta_i>0$	$-\sum m_i r_i \sin\theta_i<0$ $-\sum m_i r_i \cos\theta_i<0$
第一象限	第二象限	第四象限	第三象限

（2）转子的动平衡

刚性转子动平衡时,首先应在转子上选定两个可添加平衡质量且与转子转动轴线垂直的平面作为平衡平面,然后运用平行力系分解的原理将各偏心质量所产生的离心惯性力分解到这两个平衡平面上,从而把空间力系的平衡问题转化为两平衡平面内的平面汇交力系的平衡问题。

4.4 本章例题

【例题 1】 转子的静平衡。图 4-1 所示的盘形转子中,4 个偏心质量的大小及离转动中心的距离分别是 $m_1=10$ kg,$r_1=100$ mm,$m_2=20$ kg,$r_2=150$ mm,$m_3=8$ kg,$r_3=200$ mm,$m_4=10$ kg,$r_4=180$ mm,方位如图所示。假设要增加的平衡质量离转动中心 200 mm,求平衡质量的大小和所在的位置。

【解】 本例采用解析法和图解法分别进行求解。
【解析法】
根据平衡条件,有

$$m_c \boldsymbol{r}_c + m_1 \boldsymbol{r}_1 + m_2 \boldsymbol{r}_2 + m_3 \boldsymbol{r}_3 + m_4 \boldsymbol{r}_4 = 0 \quad (4-3)$$

向 x、y 轴分解,有

$$\begin{cases} (m_c \boldsymbol{r}_c)_x = -[(m_1 r_1)\cos 150° + (m_2 r_2)\cos 45° + (m_3 r_3)\cos 0° + (m_4 r_4)\cos 270°] \\ (m_c \boldsymbol{r}_c)_y = -[(m_1 r_1)\sin 150° + (m_2 r_2)\sin 45° + (m_3 r_3)\sin 0° + (m_4 r_4)\sin 270°] \end{cases} \quad (4-4)$$

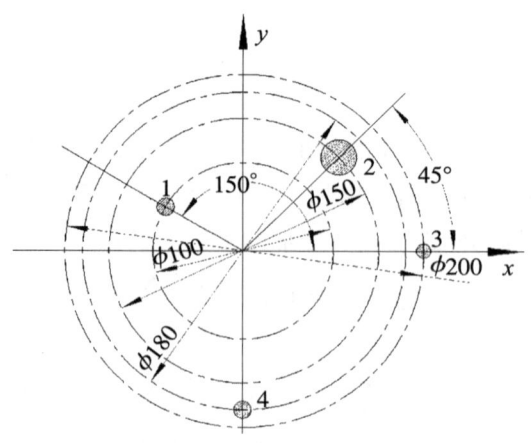

图 4-1 盘形转子示意图

将已知数据代入式(4-2) 中得：

$$\begin{cases} (m_c r_c)_x = -[(10\times100)\cos150° + (20\times150)\cos45° + (8\times200)\cos0° + (10\times180)\cos270°] = -2\,855.3 \\ (m_c r_c)_y = -[(10\times100)\sin150° + (20\times150)\sin45° + (8\times200)\sin0° + (10\times180)\sin270°] = -821.3 \end{cases}$$

因此，

$$m_c r_c = \sqrt{2\,855.3^2 + 821.3^2} = 2\,971.1$$

因所加平衡质量距转动中心 200 mm，故质量大小为

$$m_c = 14.86 \text{ kg}$$

其所在的位置与 x 轴正向之间的夹角为

$$\theta_c = \arctan\frac{-821.3}{2\,866.3} = 195.98°$$

【图解法】

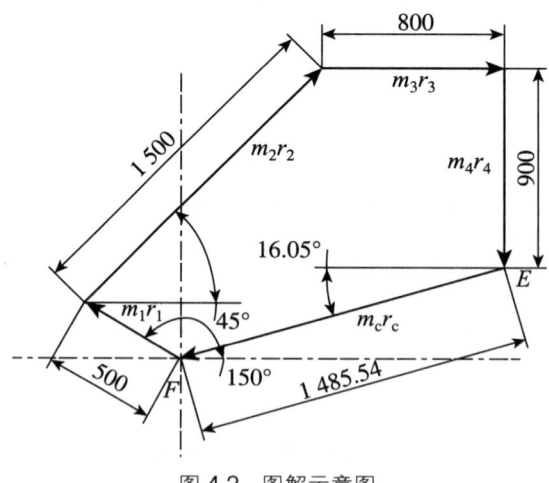

图 4-2 图解示意图

根据力的平衡关系，各质量的惯性力矢量 $m_i r_i \omega^2$（$i=1$、2、3、4）与平衡质量的惯性力矢量 $m_c r_c \omega^2$ 之和为零，因此，各矢量首尾相接组成一个封闭的多边形。

取适当的绘图比例尺 $\mu(=2)$，代表各矢量的线段 K_i 长度等于 m_ir_i/μ，方向与惯性力方向相同，如图 4-2 所示。最后，连接 m_4r_4 的头部 E 点与 m_1r_1 的尾部 F 点，EF 的长度乘以比例尺 μ 就代表了 m_cr_c 的大小。$m_cr_c=l_{EF}\mu=2\,971.08$，方向由 E 指向 F，因此与 x 轴正向夹角为 $195.98°$。

【例题 2】 转子的动平衡。如图 4-3 所示的转子，已知各偏心质量 $m_1=10$ kg，$r_1=400$ mm，$m_2=15$ kg，$r_2=300$ mm，$m_3=20$ kg，$r_3=200$ mm，$m_4=10$ kg，$r_4=300$ mm，又知各偏心质量所在的回转平面之间距离为 $l_{12}=l_{23}=l_{34}=200$ mm，若选取平面Ⅰ和Ⅱ为平衡平面，所加平衡质量的回转半径均为 300 mm。求所加平衡质量 $m_{c\text{Ⅰ}}$ 和 $m_{c\text{Ⅱ}}$ 的大小和方位。

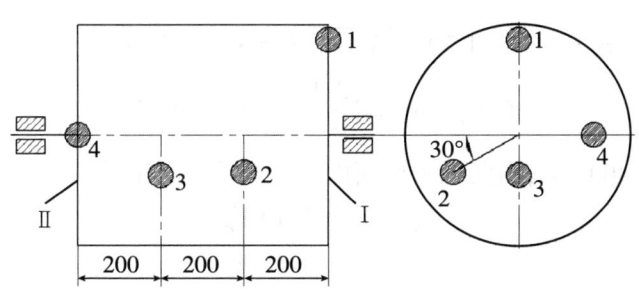

图 4-3 转子不平衡质量分布图

【解】 本该问题是动平衡问题。
(1) 根据平衡力系分解原理，将各偏心质量向两个平衡平面分解。
向Ⅰ面分解：
$$\begin{cases}(m_1)_{\text{Ⅰ}}=m_1=10\\(m_2)_{\text{Ⅰ}}=\dfrac{2}{3}m_2=10\\(m_3)_{\text{Ⅰ}}=\dfrac{1}{3}m_3=\dfrac{20}{3}\\(m_4)_{\text{Ⅰ}}=0\end{cases}$$

向Ⅱ面分解：
$$\begin{cases}(m_1)_{\text{Ⅱ}}=0\\(m_2)_{\text{Ⅱ}}=\dfrac{1}{3}m_2=5\\(m_3)_{\text{Ⅱ}}=\dfrac{2}{3}m_3=\dfrac{40}{3}\\(m_4)_{\text{Ⅱ}}=m_4=10\end{cases}$$

所有不平衡质量在两个平衡面中分解后的位置与原来的方位相同。
(2) 在两个平衡面内进行静平衡。
在Ⅰ面内，有
$$\begin{cases}(m_cr_c)_{\text{Ⅰ}x}=-[(m_1)_{\text{Ⅰ}}r_1\cos 90°+(m_2)_{\text{Ⅰ}}r_2\cos 210°+(m_3)_{\text{Ⅰ}}r_3\cos 270°+(m_4)_{\text{Ⅰ}}r_4\cos 0°]=2\,598.1\\(m_cr_c)_{\text{Ⅰ}y}=-[(m_1)_{\text{Ⅰ}}r_1\sin 90°+(m_2)_{\text{Ⅰ}}r_2\sin 210°+(m_3)_{\text{Ⅰ}}r_3\sin 270°+(m_4)_{\text{Ⅰ}}r_4\sin 0°]=-1\,166.7\end{cases}$$
因此，

$$(m_c\boldsymbol{r}_c)_{\text{I}} = \sqrt{2\,598.1^2 + 1\,166.7^2} = 2\,848.0\ (\text{kg}\cdot\text{mm})$$

$$(\theta_c)_{\text{I}} = \arctan\left(\frac{-1\,166.7}{2\,598.1}\right) = 335.82°$$

在 II 面内，有

$$\begin{cases}(m_c\boldsymbol{r}_c)_{\text{II}x} = -[(m_1)_{\text{II}}r_1\cos 90° + (m_2)_{\text{II}}r_2\cos 210° + (m_3)_{\text{II}}r_3\cos 270° + (m_4)_{\text{II}}r_4\cos 0°] = -1\,701 \\ (m_c\boldsymbol{r}_c)_{\text{II}y} = -[(m_1)_{\text{II}}r_1\sin 90° + (m_2)_{\text{II}}r_2\sin 210° + (m_3)_{\text{II}}r_3\sin 270° + (m_4)_{\text{II}}r_4\sin 0°] = 3\,416.7\end{cases}$$

因此，

$$(m_c\boldsymbol{r}_c)_{\text{II}} = \sqrt{1\,701^2 + 3\,416.7^2} = 3\,816.7\ (\text{kg}\cdot\text{mm})$$

$$(\theta_c)_{\text{II}} = \arctan\left(\frac{3\,416.7}{-1\,701}\right) = 116.47°$$

若选回转半径为 400 mm，则两个平衡面内的平衡质量分别是

$$(m_c)_{\text{I}} = 7.12\ \text{kg}$$

$$(m_c)_{\text{II}} = 9.54\ \text{kg}$$

4.5 本章习题

4.5.1 概念题

(1) 刚性转子的平衡设计包括＿＿＿＿平衡和＿＿＿＿平衡两种。前一种平衡的条件是：＿＿＿＿；后一种平衡的条件是：＿＿＿＿＿＿＿＿＿＿。

(2) 宽径比较小的转子只需要作静平衡计算，不需要作动平衡计算的理由是＿＿＿＿。当转子结构的宽径比大于 0.2（$B/D > 0.2$）时，应进行动平衡，满足动平衡转子的力学条件是＿＿＿＿和＿＿＿＿。

(3) 如图 4-4 所示的两个转子，已知 $m_1r_1 = m_2r_2$，静不平衡的转子为＿＿＿＿；静平衡但动不平衡的转子是＿＿＿＿。

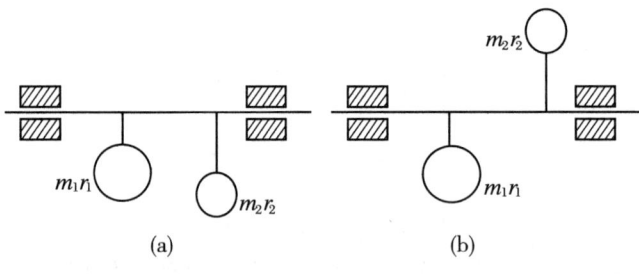

图 4-4 转子

(4) 研究机械平衡的目的是部分或完全消除构件在运动时所产生的＿＿＿＿，减小或消除在机构各运动副中所引起的力，减轻有害的机械振动，改善机械工作性能和延长使用寿命。

(5) 动不平衡的转子，无论有几个不平衡质量，也不论它们如何分布，只需在任意的＿＿＿个平面内适当地添加平衡质量，即可达到动平衡。因此动平衡又称作＿＿＿面平衡。

6. 如图 4-5 所示转子，已知 $m_1=m_2=m_3=m_4$，$r_1=r_2=r_3=r_4$，$l_1=l_2=l_3$，则该转子是_____（动平衡、静平衡）。

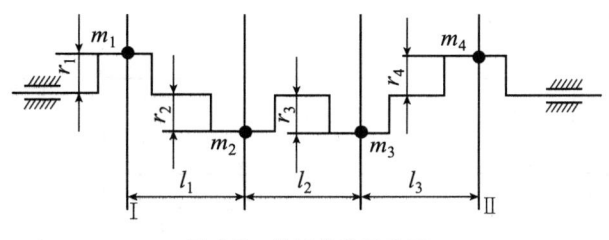

图 4-5 转子构件示意图

（7）转子是指_____的构件，为了减轻或消除轴向尺寸较大的刚性转子的振动，必须作_____计算。

（8）动平衡的转子一定是静平衡的，理由是_____。

（9）图 4-6(a)、(b)、(c)中，S 为总质心，图_____中的转子静不平衡；图_____中的转子动不平衡。

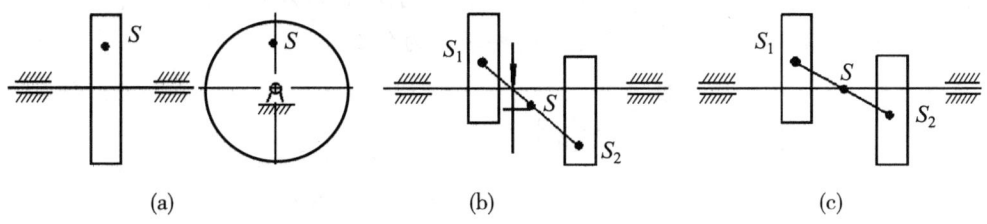

图 4-6 转子构件示意图

（10）如图 4-7 所示转子上分布着偏心质量 m_1、m_2、m_3、m_4，竖直方向上共线，它们距回转轴线的距离 r 均相等且 $m_1=m_2=m_3=m_4=m$，该轴的平衡状态是_____（①静平衡；②动平衡），满足的力学条件是_____。

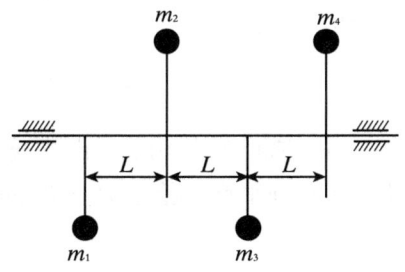

图 4-7 转子构件示意图

4.5.2 综合题

（1）如图 4-8 所示一双缸发动机的曲轴，两曲拐在同一平面内，相位差为 180°，每一曲拐的质量 $m_1=m_2=50$ kg，离转动轴线距离为 200 mm，A、B 两支承点距离为 900 mm，工作转速 $n=3\,000$ r/min。试求：

① 不平衡质量引发的离心力偶矩 M；

② 不计飞轮质量,支承 A、B 处的动反力 F_R 大小;

③ 欲使此曲轴符合动平衡条件,以两端的飞轮平面作为平衡平面,求在回转半径 500 mm 处应加的平衡质量的大小和方向。

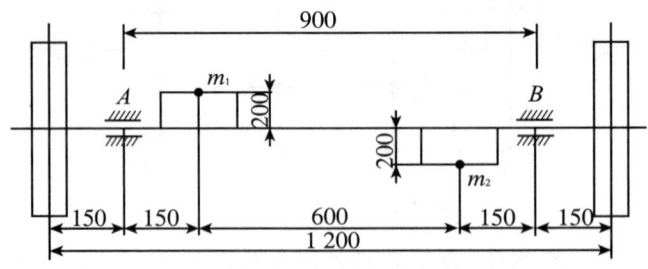

图 4-8 双缸发动机的曲轴

(2) 如图 4-9 所示盘形转子,$l = 80$ mm,$l_1 = 30$ mm,$l_2 = 20$ mm,$l_3 = 20$ mm,径宽比 > 5,转子的质量 $m = 250$ kg,由于质心偏移,需作平衡设计。本应在转子平面Ⅲ内添加校正质量,后因结构原因只能在Ⅰ、Ⅱ两个平面上分别添加校正质量 $m_1 = 0.8$ kg,$m_2 = 0.6$ kg,$r_1 = r_2 = 500$ mm。

① 求该转子原来的不平衡质径积 mr 的大小和方向角 α,以及质心偏移量;

② 经过这样的平衡设计,是否满足动平衡要求?为什么?

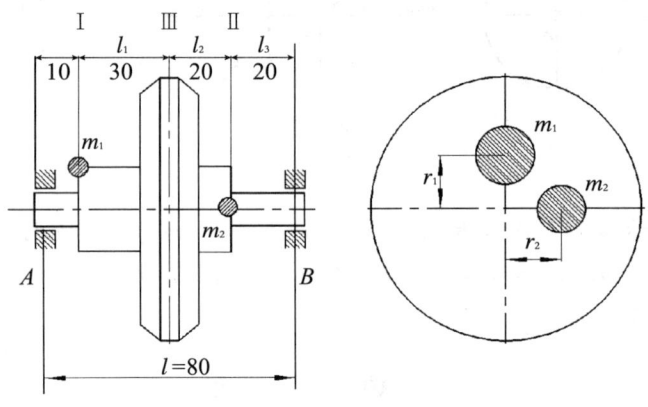

图 4-9 盘形转子

(3) 如图 4-10 所示半径为 100 mm、偏心距为 10 mm 的均质偏心轮,其轴孔直径为 40 mm,要求在该偏心轮上开三个圆孔使其达到静平衡。给定 $R_1 = 70$ mm,$r_1 = 32$ mm,$R_2 = R_3 = 80$ mm,求 $r_2 = r_3 = ?$

(4) 如图 4-11 所示圆盘状转子,结构和尺寸见图,由均质 45 钢制作,材料密度 $\rho = 7\,800$ kg/m³。根据设计结构,盘状转子上有偏心孔和销轴两个不平衡质量,相位如图。现拟在半径 $r = 40$ mm 的圆周上采取钻孔去重方法进行转子的静平衡,请计算:

① 两个不平衡质量的质径积大小;

② 转子的总体不平衡质径积大小;

③ 去重所需圆孔尺寸和位置,并在图上标记。

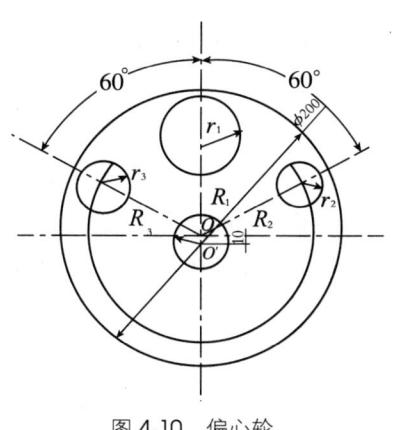

图 4-10 偏心轮

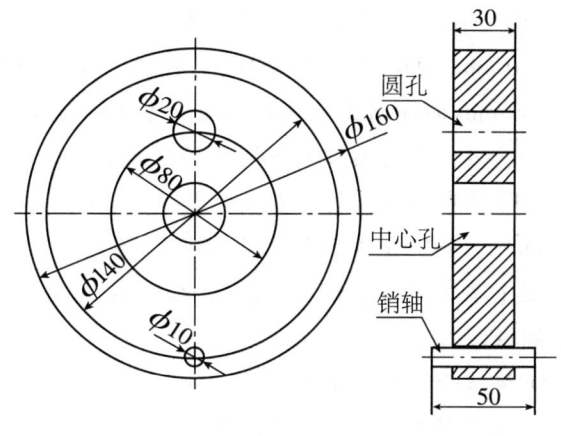

图 4-11 盘状转子

（5）如图 4-12 所示回转件，已知三个不平衡重量为 $Q_1 = 50$ N，$Q_2 = 100$ N，$Q_3 = 50$ N，有关尺寸见图，Ⅰ 与 Ⅱ 为两个校正平面，试确定应加在两个平衡面的平衡质径积大小和位置。长度单位为 mm。

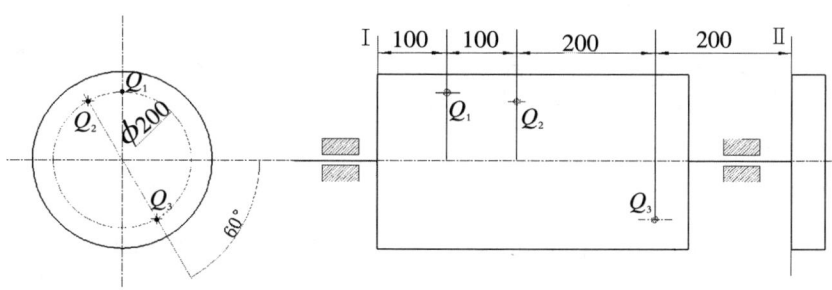

图 4-12 回转件

（6）在图 4-13 所示的盘形转子中，存在四个不平衡质量。它们的大小及质心到回转轴的距离分别为 $m_1 = 10$ kg，$r_1 = 100$ mm，$m_2 = 8$ kg，$r_2 = 150$ mm，$m_3 = 7$ kg，$r_3 = 200$ mm，$m_4 = 5$ kg，$r_4 = 100$ mm。试对该转子进行平衡设计。

（7）图 4-14 所示为一均质圆盘转子，工艺要求在圆盘上钻 4 个孔，圆孔直径及孔中心到转轴 O 的距离分别为 $d_1 = 40$ mm，$l_1 = 120$ mm；$d_2 = 60$ mm，$l_2 = 100$ mm；$d_3 = 50$ mm，$l_3 = 110$ mm；$d_4 = 70$ mm，$l_4 = 90$ mm；方位如图所示。试对该转子进行平衡设计。

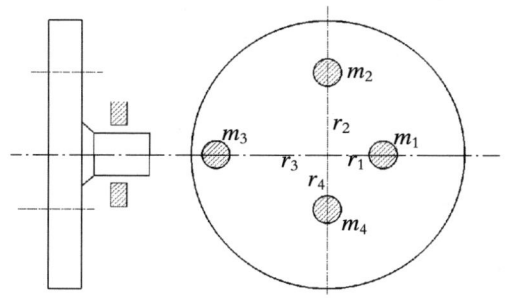

图 4-13 盘形转子

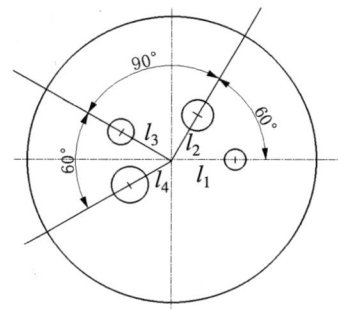

图 4-14 均质圆盘转子

（8）如图 4-15 所示偏心圆盘转子，外径 $d=120$ mm，厚度 $\delta=15$ mm，转子绕 O 点旋转，偏心距 $e=20$ mm，由均质 45 钢制作，材料密度 $\rho=7\,800$ kg/m³，工作转速为 1 200 r/min。现拟在半径 $r=40$ mm 的圆周上采取钻孔去重方案进行转子平衡。

①求该转子的总体不平衡质径积大小；

②计算去重所需的圆孔尺寸和位置，并在图上指出。

（9）如图 4-16 所示刚性圆盘转子，原质心偏离圆心的距离 $r=0.3$ mm。为使圆盘静平衡，在位置Ⅰ添加了质量 $m_1=1$ kg 的重块，在位置Ⅱ制一通孔去除了质量 $m_2=0.8$ kg，位置Ⅰ和Ⅱ距离圆盘圆心 30 mm。求：

①该转子原来的不平衡质量 m 的大小；

②不平衡质量矢径 r 的方位。

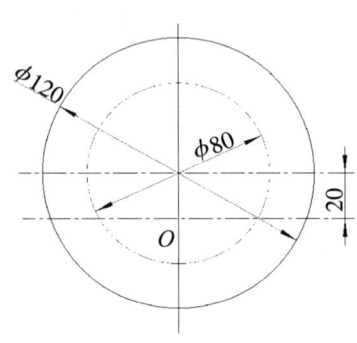
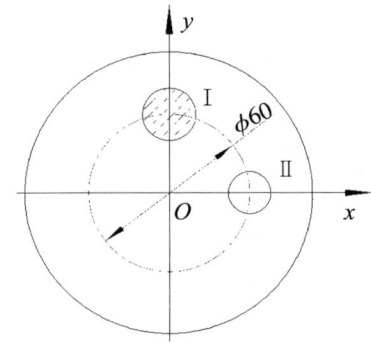

图 4-15　偏心圆盘转子　　　　图 4-16　刚性圆盘转子

（10）如图 4-17 所示为一钢制圆盘，盘厚 $b=30$ mm，位置Ⅰ处有一直径为 30 mm 的通孔，位置Ⅱ处有一 $m_2=300$ g 的重块。为使圆盘静平衡，拟在圆盘上 $R=200$ mm 处制一通孔，求此孔的直径及位置。（钢的密度 $\rho=7.8\times10^{-3}$ g/mm³，图中尺寸单位为 mm。）

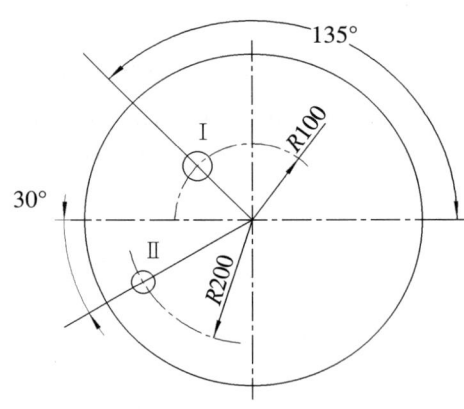

图 4-17　钢制圆盘

第 5 章 平面连杆机构及其设计

5.1 本章教学要求

(1)了解平面连杆机构的组成、运动特点及其主要优缺点;
(2)掌握平面四杆机构的基本形式、演化形式以及它们的特点和应用;
(3)掌握曲柄存在的条件、传动角、压力角、死点、急回运动特性等概念;
(4)掌握图解法设计平面四杆机构的方法。

5.2 本章基本概念

表 5-1 本章基本概念汇总

序号	概念	定义
1	曲柄存在的条件	铰链四杆机构:首先,要满足杆长条件,即最短杆与最长杆的长度之和小于等于其他两杆的长度之和;其次,选最短杆的邻杆为机架可得到一个曲柄,选最短杆为机架可得到两个曲柄
		曲柄滑块机构:连杆的长度不小于曲柄与偏距之和
		摆动导杆机构:曲柄始终存在
2	急回运动特性	机构中从动件空回行程平均速度大于工作行程平均速度的特性,称作急回运动特性(quick return property)
3	极位夹角	机构中,当从动件在两个极限位置时,主动曲柄所在的两个位置之间所夹的锐角,称为极位夹角(crank angle between extreme position),习惯上用 θ 表示
4	急回运动特性系数	从动件空回行程和工作行程的平均速度之比,等于工作行程和空回行程所用的时间之比。若主动曲柄匀速转动,则急回特性也可以用极位夹角来表达: $k = \dfrac{v_2}{v_1} = \dfrac{t_1}{t_2} = \dfrac{180° + \theta}{180° - \theta}$
5	压力角	在不计构件间的摩擦时,中间构件作用在输出构件上的力与受力点的运动速度方向之间的夹角称为压力角(pressure angle),用 α 表示
6	传动角	压力角的余角称为传动角(transmission angle),用 γ 表示, $\gamma = 90° - \alpha$
7	死点	当机构的压力角 $\alpha = 90°$ 时, $\gamma = 0°$ 或 $180°$,主动件通过中间构件传递给输出构件的作用力恰好通过其转动中心,无法使从动件转动。机构的这个位置称为死点(dead point)位置
		曲柄摇杆机构中,若摇杆为主动件,曲柄为输出构件,当连杆与曲柄共线时是机构的死点位置
		曲柄滑块机构中,若滑块为主动件,曲柄为输出构件,当连杆与曲柄共线时是机构的死点位置

(续表)

序号	概念	定义
8	机构倒置	同一运动链,选不同构件为机架称为机构倒置。倒置后,相邻构件之间的相对运动关系不发生变化
9	周转副	当两个以转动副连接的构件能够作 360° 相对转动时,这个转动副称作周转副(revolving pair)。周转副是机构存在曲柄的必要条件
10	摆转副	当两个以转动副连接的构件不能作 360° 相对转动时,这个转动副称作摆转副(swing pair)

5.3 本章难点

(1)平面四杆机构中曲柄存在的条件

除了铰链四杆机构中可能有曲柄之外,曲柄滑块机构和导杆机构也是常用的含有曲柄的四杆机构。其中,曲柄滑块机构中存在曲柄的条件是,连杆与滑块的铰链点 C 能够顺利通过 BC 与 AB 重叠共线的位置,即 $b \geq a+e$,见图 5-1。

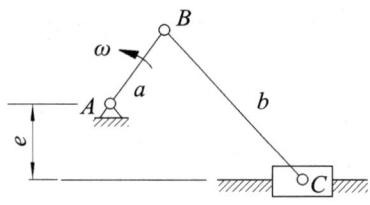

图 5-1 曲柄滑块机构

对于导杆机构,若移动副的方向经过导杆的摆动中心 C 点[见图 5-2(a)],则曲柄始终存在。当曲柄长度大于机架长度($a>b$)时,导杆 BC 也能绕其固定铰链点 C 转动,因此是转动导杆机构;而当 $a<b$ 时,导杆 BC 只能绕 C 点往复摆动,因此是摆动导杆机构。若移动副的方向不通过导杆的转动中心 C[见图 5-2(b)],AB 仍能绕 A 点转动,即曲柄存在;但若要保证导杆 BC 也能转动,则必须满足:$a>b+e$。

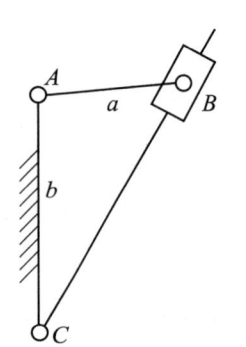 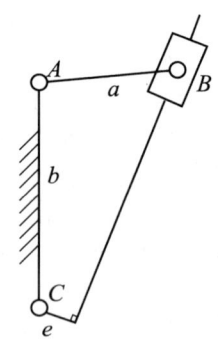

(a) 移动副经过导杆转动中心 (b) 移动副不经过导杆转动中心

图 5-2 导杆机构

(2) 机构压力角的测量

机构的压力角是衡量机构传力性能好坏的重要指标。压力角一般是在运动链的最终一个从动件上度量。如图 5-3 所示汽车车门气动式驱动机构,运动链最终的从动件是滑块,车门作用在滑块上的力 F(B 为作用点)沿 A、B 两铰链点的连线,滑块的运动速度方向沿水平方向,因此该机构的压力角 α 如图所示。

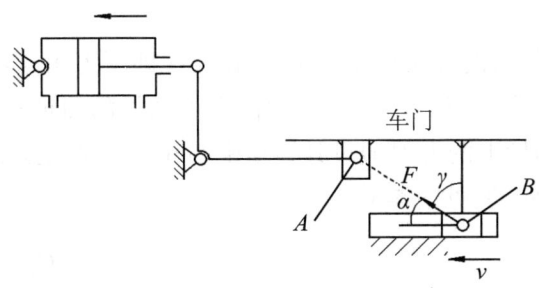

图 5-3　汽车车门气动式驱动机构

(3) 连杆机构的急回运动特性

作往复运动(摆动或移动)的输出构件,其空回行程的平均速度与工作行程的平均速度之比称为行程速比系数。若主动件是曲柄,且匀速转动,则行程速比系数可以用主动曲柄的转角来表示,即

$$k = \frac{v_2}{v_1} = \frac{t_1}{t_2} = \frac{180° + \theta}{180° - \theta}$$

其中,θ 称为极位夹角。

值得注意的是,有时某一机构本身没有急回运动特性,但当其与另一机构组合后,组合机构可能会有急回特性。如图 5-4 所示机构,$ABCD$ 是双曲柄机构,本身无急回特性;DEF 是对心曲柄滑块机构,也无急回特性。但当这两个机构串联之后,双曲柄机构中的从动曲柄 DC 与对心曲柄滑块机构的曲柄 DE 固结在一起,滑块作为组合机构的最终输出构件,则滑块在极限位置 F' 和 F'' 时,对应曲柄 AB 的位置分别是 AB' 和 AB'',即极位夹角是 θ,因为 $\theta>0$,所以该组合机构有急回运动特性。

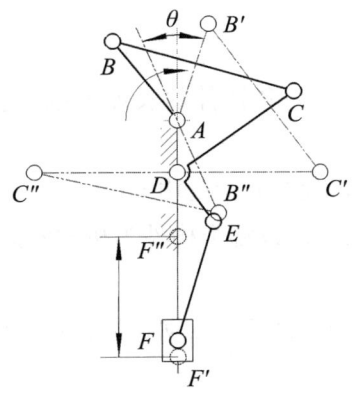

图 5-4　具有急回运动特性的组合机构

另外，机构的急回运动特性是具有方向性的，图 5-4 所示机构，若滑块自上向下运动是工作行程，为了利用其急回特性，主动曲柄 AB 的转向必须是如图所示的顺时针。即当曲柄 AB 由 AB″位置顺时针转到 AB′时（转角 180°+θ），滑块由上方极限位置 F″运动到下方极限位置 F′，工作行程为慢行程；而当曲柄继续由 AB′顺时针转到 AB″时（转角 180°-θ），滑块由最低点返回到最高点，为空回行程。

(4) 机构的死点

当作用在从动件上的力的方向与其运动方向垂直（即压力角 α=90°）时，再大的力也不能使从动件运动，这个位置称为"死点"。例如摇杆为主动件的曲柄摇杆机构，当连杆与从动曲柄共线时，连杆作用在曲柄上的力 F 通过其转动中心 A，曲柄所受到的转动力矩为零，因此，不管 F 多大都不能使曲柄转动，见图 5-5。

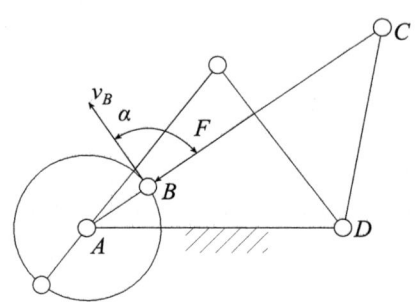

图 5-5 曲柄摇杆机构的死点位置

注意："死点"、"自锁"与"机构自由度 F≤0"的区别。"F≤0"表明该运动链不是机构，而是一个各构件间根本无法相对运动的桁架或结构。"死点"是在不计摩擦的情况下机构所处的特殊位置，利用惯性或其他办法，机构可以通过"死点"位置而正常运动。"自锁"是机构在考虑摩擦的情况下，当驱动力的作用方向满足一定的几何条件时，虽然机构的自由度大于零，但机构却无法运动的现象。"死点"和"自锁"是从力的角度分析机构的运动情况，而自由度是从机构组成的角度分析机构的运动情况。

5.4 本章例题

【例题 1】 已知四杆机构 ABCD，各杆件的长度分别是：AB=60 mm，BC=180 mm，CD=110 mm，AD=200 mm。请问：

(1) 以哪个构件为机架可以得到双曲柄机构？

(2) 若要得到曲柄摇杆机构，应该以哪个构件为机架？此时，摇杆的摆角是多少？极位夹角和急回特性系数 k 等于多少？

(3) 若要使上述曲柄摇杆机构具有急回运动特性，且摇杆向右侧摆动为工作行程，曲柄的转动方向应该怎样？

(4) 机构的最小传动角是多少？发生在什么时刻？

【解】

(1) 此四连杆机构中,因为 $AB+AD<BC+CD$,满足曲柄存在的杆长条件,故当以最短杆 AB 为机架时,可得到双曲柄机构。

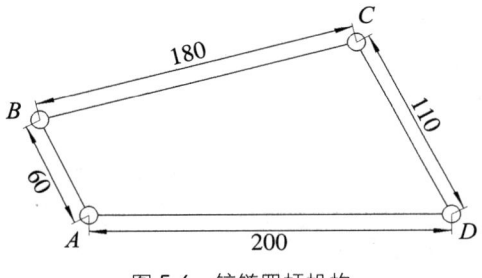

图 5-6 铰链四杆机构

(2) 当以最短杆的邻杆 BC 或 AD 为机架时,可得到曲柄摇杆机构。

选 AD 为机架,当 AB 与 BC 重叠共线(AB_1C_1)和拉直共线(AB_2C_2)时(见图 5-7),摇杆 DC 分别在两个极限位置。由作图法可以量出,摇杆的摆角 $\psi=66.14°$,极位夹角 $\theta=1.16°$。因此

$$k=\frac{v_2}{v_1}=\frac{t_1}{t_2}=\frac{180°+\theta}{180°-\theta}=\frac{180°+1.16°}{180°-1.16°}=1.012 \tag{5-1}$$

(3) 若要使机构具有急回运动特性,曲柄转向应该为顺时针。

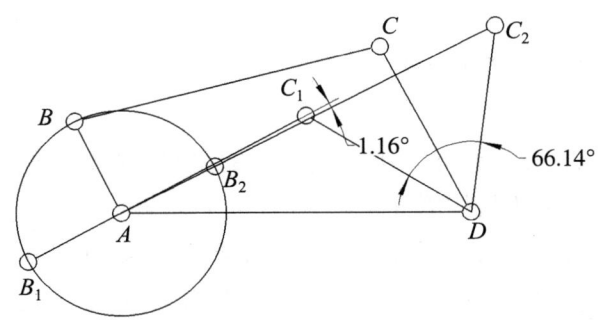

图 5-7 曲柄摇杆机构(AD 为机架)

(4) 曲柄与机架共线的时刻是机构传动角最小、压力角最大的时刻。如图 5-8 所示。

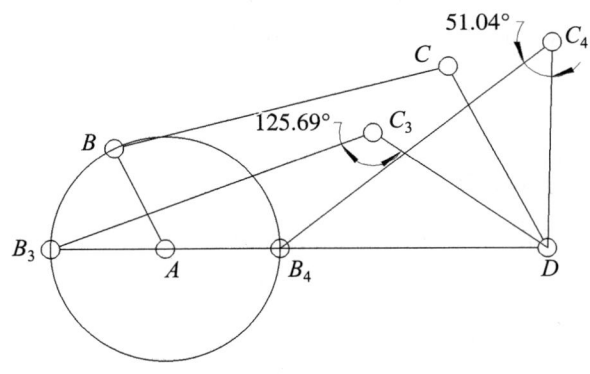

图 5-8 传动角最小的位置

因此，$\gamma_{min}=\min\{180°-125.69°,51.04°\}=51.04°$，即机构的最小传动角为 51.04°，发生在曲柄与机架重叠共线的时刻，AB_4C_4D 位置。

【例题 2】 如图 5-9 所示飞机起落架机构，实线是飞机降落的姿态，虚线是飞机飞行中的姿态。已知 $l_{AD}=522\text{ mm}$，$l_{CD}=340\text{ mm}$，$\angle C_1DC_2=90°$，$\angle ADC_2=10°$，$\angle B_2AC_1=60°$。试用图解法和解析法求出构件 l_{AB} 和 l_{BC} 的长度。

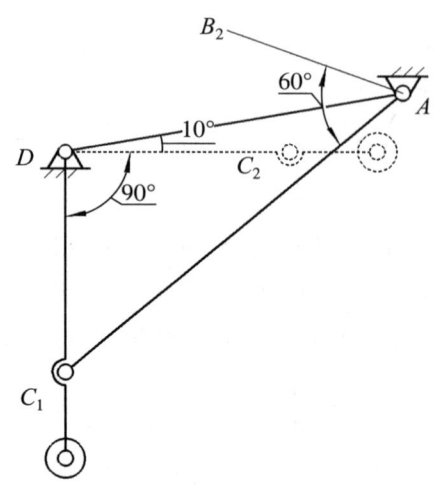

图 5-9 飞机起落架的两个姿态

【解】 采用图解法和解析法两种方法。

【图解法】

根据题目的已知条件和问题可以判断，此题目的关键是找到铰链点 B 的位置。因为 B 点是运动的铰链点，所以要采用机构倒置法和反转法进行求解。

根据相对运动不变的特性，不管哪个构件为机架，C 点相对于 B 点的运动都是以 B 为圆心、l_{BC} 为半径的圆弧。因为 C 点的两个位置已知，因此，将 B 点固定（AB 变成固定构件），选择 AB_1（即 AC_1，因为 A、B_1、C_1 共线）或 AB_2 为固定构件，采用反转法求解 B 点。

本例将 AB_2 固定为机架，如图 5-10 所示，将 $\triangle ADC_1$ 绕 A 点顺时针旋转 60°，使 AC_1 与 AB_2 重合，则得到 C_1 点反转后的位置 C_1'。作 C_2 和 C_1' 连线的垂直平分线，其与 AB_2 方向线的交点就是 B_2 点。量取 AB 和 BC 的长度分别为 $l_{AB}=190.37\times2=380.74$，$l_{BC}=144.07\times2=266.14$。

【解析法】

在 $\triangle ADC_1$ 中，

$$\begin{aligned}l_{AC_1}&=\sqrt{l_{DC_1}^2+l_{AD}^2-2l_{DC_1}l_{AD}\cos(90°+10°)}\\&=\sqrt{340^2+522^2-2\times340\times522\times\cos100°}=670.61\end{aligned} \quad(5\text{-}2)$$

在 $\triangle ADC_2$ 中，

$$\begin{aligned}l_{AC_2}&=\sqrt{l_{DC_2}^2+l_{AD}^2-2l_{DC_2}l_{AD}\cos10°}\\&=\sqrt{340^2+522^2-2\times340\times522\times\cos10°}=192.26\end{aligned} \quad(5\text{-}3)$$

$$\angle DAC_2 = \arccos\left(\frac{l_{AC_2}^2 + l_{AD}^2 - l_{DC_2}^2}{2l_{AC_2}l_{AD}}\right) = \arccos\left(\frac{196.26^2 + 522^2 - 340^2}{2 \times 196.26 \times 522}\right) = 17.51° \quad (5-4)$$

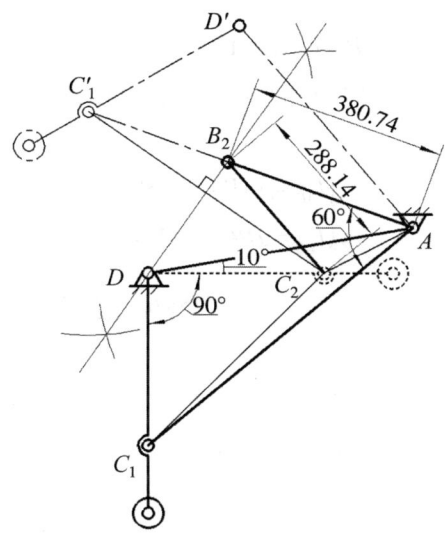

图 5-10 机架构件示意图

在 $\triangle AC_1C_2$ 中,

$$l_{C_1C_2} = l_{DC}\sqrt{2} = 340\sqrt{2} = 480.83 \quad (5-5)$$

$$\angle C_1AC_2 = \arccos\left(\frac{l_{AC_2}^2 + l_{AC_1}^2 - l_{C_1C_2}^2}{2l_{AC_2}l_{AC_1}}\right) = \arccos^{-1}\left(\frac{196.26^2 + 670.61^2 - 480.83^2}{2 \times 196.26 \times 670.61}\right) = 12.45° \quad (5-6)$$

因此,

$$\angle C_2AB_2 = \angle C_1AB_2 - \angle C_1AC_2 = 60° - 12.45° = 47.55° \quad (5-7)$$

在 $\triangle AC_2B_2$ 中,

$$l_{AB} = 670.71 - l_{BC} \quad (5-8)$$

所以

$$(670.71 - l_{AB})^2 = l_{AB}^2 + 192.26^2 - 2 \times 192.26 \times l_{AB} \times \cos(47.55°) \quad (5-9)$$

解上述方程可得:

$$l_{AB} = 382.11;\ l_{BC} = 288.66$$

【例题 3】 如图 5-11 所示,设计一脚踏轧棉机的曲柄摇杆机构。AD 在铅垂线上,要求踏板 DC 在水平位置上下各摆动 $10°$,且 $l_{DC} = 500$ mm,$l_{AD} = 1\,000$ mm。用图解法求曲柄 AB 和连杆 BC 的长度。

【解】 由题意知,机架 AD 和摇杆 DC 的长度已知,且踏板 DC 在两极限位置时所夹的摆角为 $20°$。如图 5-12 所示,选比例尺 $\mu = 0.01$ m/mm,首先画出 AD 及 DC 的两极限位置 DC_1、DC_2,然后连接 AC_1 和 AC_2,有

$$\begin{cases} AC_2 = AB + BC \\ AC_1 = BC - AB \end{cases} \quad (5\text{-}10)$$

由图上量得

$$\begin{cases} AB = (AC_2 - AC_1)/2 = 7.78 \\ BC = (AC_1 + AC_2)/2 = 11.15 \end{cases} \quad (5\text{-}11)$$

因此，

$$\begin{cases} l_{AB} = \mu AB = 77.80 \\ l_{BC} = \mu BC = 111.40 \end{cases} \quad (5\text{-}12)$$

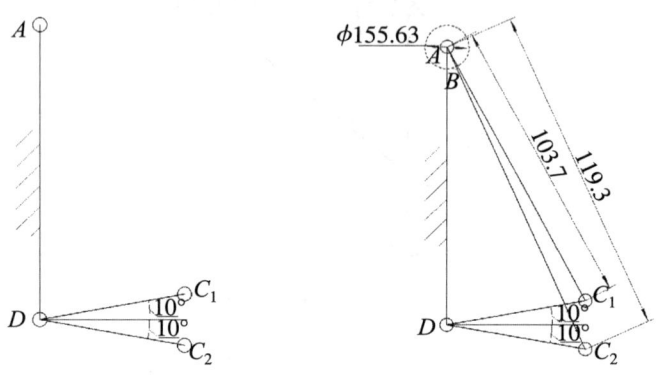

图 5-11 脚踏轧棉机踏板位置　　图 5-12 脚踏轧棉机设计

【例题4】 有一铰链四杆机构 $ABCD$，其连杆上的铰链点 BC 能够经过图 5-13 所示三个位置 B_1C_1、B_2C_2、B_3C_3，从而将容器在位置 1 处装满的液体在位置 3 处倒掉。（BC 杆长度如图 5-13 所示。）

（1）请确定铰链四杆机构 $ABCD$ 中固定铰链点 A、D 的位置。

（2）在构件 AB 的中点处设置一铰链 E，与一个二级杆组 EFO 相连，使 $OFEA$ 构成一曲柄摇杆机构，其中 OF 是主动曲柄，AB_1、AB_3 为摇杆的极限位置。若该曲柄摇杆的急回运动特性系数 $k=1.4$，且固定铰链点 O 与 A 在同一水平线上。请确定 O 点的位置，以及曲柄 OF 和连杆 FE 的长度。

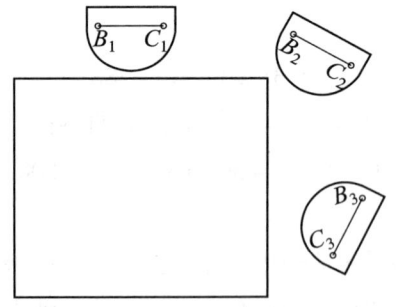

图 5-13 铰链四杆机构中铰链点的三个位置

【解】
（1）第一个问题是一个已知连杆的三个位置求固定铰链点位置。

分别作 B_1B_2 和 B_2B_3 连线的垂直平分线 nn、mm，它们的交点就是铰链点 A（因为 B 相对于 A 的运动是以 A 为圆心、半径等于 AB 的圆弧）。同理，连接 C_1C_2、C_2C_3 并作它们的垂直平分线 kk、qq，它们的交点就是固定铰链点 D。如图 5-14 所示。

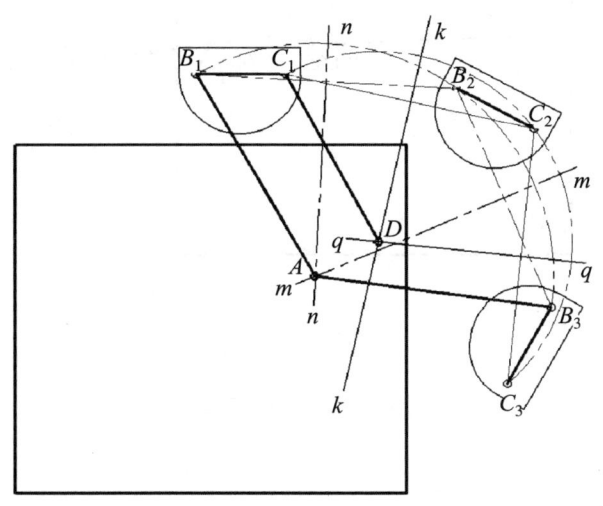

图 5-14　固定铰链点位置的示意图

（2）第二个问题是已知急回运动特性系数 k 和摇杆的极限位置设计铰链四杆机构。

第一步，计算极位夹角：

$$\theta = \frac{k-1}{k+1} \times 180° = \frac{1.4-1}{1.4+1} \times 180° = 30° \tag{5-13}$$

第二步：如图 5-15 所示，在 AB_1、AB_3 的中点找到 E_1、E_3 点，并连接它们，过 E_3 点作直线 PE_3，过 E_1 点作直线 PE_1，PE_1 和 PE_3 与 E_1E_3 的夹角都是 $90°-30°=60°$，它们的交点是 P。以 P 点为圆心，PE_1 为半径画圆。

第三步：PE_1、PE_3 延长线与上述圆的交点分别是 Q_1、Q_3，铰链点 O 应该选取在优弧段 $\overset{\frown}{Q_1E_3}$ 或 $\overset{\frown}{Q_3E_1}$ 上。

第四步：因为题目要求 O、A 应在同一水平线上，因此过 A 点作一水平辅助线，其与两段优弧分别交于 O 和 O'，其中 O 点在机架上，故这就是所求的 II 级杆组 OFE 的 O 点。

第五步：因为

$$\begin{cases} OE_1 = EF - OF \\ OE_2 = EF + OF \end{cases} \tag{5-14}$$

故曲柄 OF 和连杆 EF 的长度为

$$\begin{cases} OF = (OE_2 - OE_1)/2 = 97.66 \\ EF = (OE_1 + OE_2)/2 = 382.99 \end{cases} \tag{5-15}$$

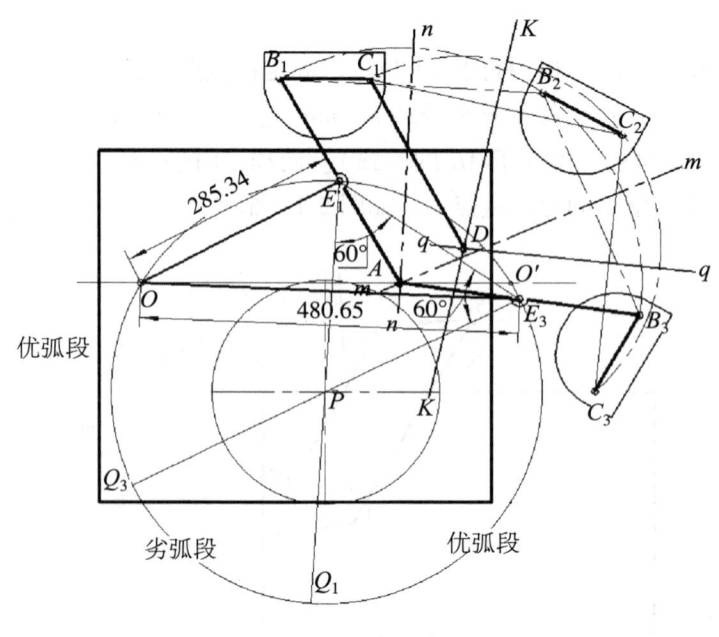

图 5-15 图解示意图

5.5 本章习题

5.5.1 概念题

（1）一铰链四杆机构，已知四个杆件的长度分别是 $a=50$ mm，$b=70$ mm，$c=100$ mm，$d=110$ mm。若希望该机构有两个曲柄，应以_____构件为机架；当构件_____为机架时可以得到曲柄摇杆机构。

（2）机构处于死点位置时，其传动角为_____度，压力角为_____度。

（3）曲柄摇杆机构中，当曲柄处于_____条件时，机构出现最大的压力角。_____作为主动件_____时出现死点位置，此时机构的传动角等于_____度。

（4）连杆机构的压力角和传动角互为_____角；压力角越大，传力性能越_____。

（5）如图 5-16 所示偏置曲柄滑块机构，曲柄为主动件，工作行程见图，则曲柄的正确转向是_____；当曲柄在_____位置时，机构的压力角最大；若滑块为主动件，机构有____个死点的位置，分别是_____及_____的时刻。

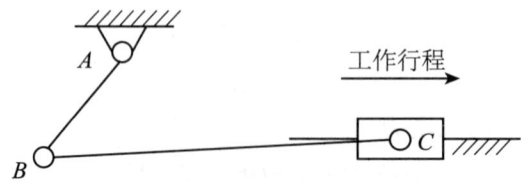

图 5-16 偏置曲柄滑块机构

(6)一铰链四杆机构,$a=15$ mm,$b=22$ mm,$c=35$ mm,$d=40$ mm,下面描述正确的是(多重选择):
(A)固定 d 杆为曲柄摇杆机构　　　　(B)固定 a 杆为双曲柄机构
(C)固定 b 杆为双摇杆机构　　　　　(D)固定 c 杆为曲柄摇杆机构

(7)以下机构中具有急回运动特性的机构有(多重选择):
(A)偏置曲柄滑块机构　　　　　　　(B)摆动导杆机构
(C)平行四边形机构　　　　　　　　(D)转动导杆机构

(8)平面四杆机构中,能实现急回运动的机构有_____。

(9)如图5-17所示摆动导杆机构,曲柄为主动件,机构的压力角等于_____度。

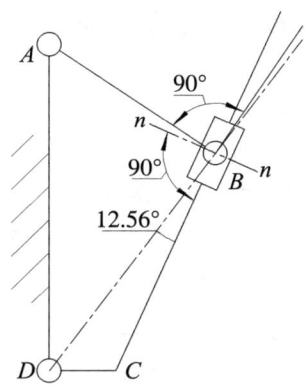

图5-17　摆动导杆机构

(10)一铰链四杆机构的两连架杆的长度分别是 $a=87$ mm,$c=1\,000$ mm,机架长度为 $d=1\,152$ mm,连杆长度为 $b=578$ mm,则该机构的极位夹角是_____度,_____(①有;②无)急回运动特性。

(11)在平面四杆机构中,通过_____方式演化,可使相同杆长的四杆机构实现曲柄摇杆、双曲柄、双摇杆等不同功能的机构。

5.5.2　综合题

(1)已知图5-18所示的滑块机构,$l_{AB}=20$ mm,$l_{BC}=70$ mm,偏距 $e=10$ mm。

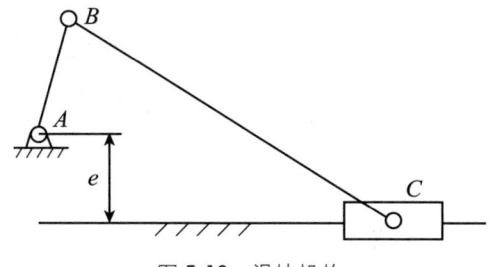

图5-18　滑块机构

①构件 AB 能否整周回转?
②确定滑块的行程 H,机构的极位夹角 θ 和行程速比系数 k;
③画图表示机构出现最小传动角的位置 $AB'C'$ 及最小传动角 γ_{min};
④如果该机构用作曲柄压力机,滑块向右运动是冲压工件的工作过程,请确定曲柄的合理

转向,指出传力效果最好的机构瞬时位置,并说明最大传动角 γ_{max}。

(2) 一铰链四杆机构,已知机构的行程速比系数 $k=1$,摇杆 CD 长 $l_{CD}=150$ mm,摇杆的极限位置与机架 AD 所成的夹角分别为 $\varphi'=20°$ 和 $\varphi''=90°$。

① 该机构是否具有急回运动特性?

② 用图解法求出曲柄 AB、连杆 CB 和机架 AD 的长度特性。

(3) 已知一曲柄摇杆机构的行程速比系数 $k=1.25$,摇杆长 $l_{CD}=40$ mm,摇杆摆角 $\psi=60°$,机架长 $l_{AD}=55$ mm。

① 用图解法设计此曲柄摇杆机构,求曲柄长度 l_{AB} 和连杆长度 l_{BC};

② 此机构的最大压力角 α_{max} 是多少?

(4) 如图 5-19 所示平面六杆机构,已知(单位 mm): $AB=20, BC=50, CD=40, AD=35, DE=30, EF=50$。

① 试确定构件 AB 能否整周回转;

② 采用作图法确定滑块 F 的行程 H;

③ 求机构的极位夹角 θ 及滑块的行程速比系数 k;

④ 在图上标出机构 DEF 出现最大压力角的位置和最大压力角 α_{max};

⑤ 曲柄顺时针旋转,请指出滑块 F 的慢行程方向。

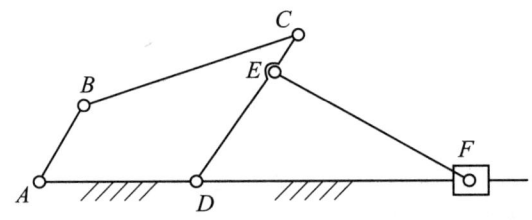

图 5-19 平面六杆机构

(5) 用作图法设计铰链四杆机构 $ABCD$。已知: $l_{AD}=100$ mm, $l_{CD}=40$ mm,其余尺寸如图 5-20 所示。构件 AB 为曲柄,当其竖直向上时,构件 CD 处于 C_1D 位置,当其逆时针转过 $\theta=90°$ 时,构件 CD 处于 C_2D 位置。

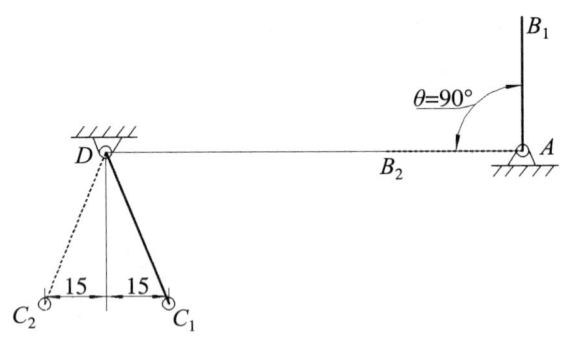

图 5-20 铰链四杆机构

(6) 有一摆动导杆机构,已知摆杆的摆角为 $60°$,机架长度为 600 mm。

① 用图解法设计该导杆机构,确定曲柄的长度;

② 该机构是否有急回运动特性?若有,其行程速比系数 k 是多少?

③若曲柄顺时针旋转,请在图上标出工作行程和空回行程的方向。

(7) 如图 5-21 所示六杆机构,已知 $AC \perp EC$,曲柄 AB 为原动件,滑块 5 作上下冲压运动。试用作图法求解以下问题:

①画出该机构的极位夹角 θ,写出滑块 5 的行程速比系数 k 的计算式;
②标出机构在图示位置的传动角 γ;
③作出滑块 5 的冲程 H。

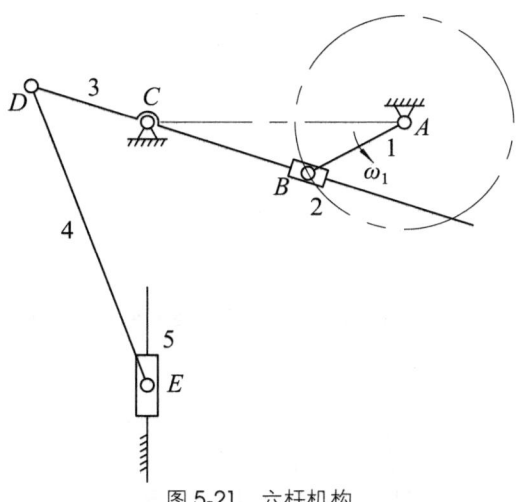

图 5-21 六杆机构

(8) 拟设计一个用于夹紧的铰链四杆机构,已知连杆 BC 的两个位置(见图 5-22),其中 B_2C_2 为夹紧状态,此时机构处于死点位置,且摇杆 C_2D 处于竖直位置(摇杆为原动件)。作图确定 A、D 点的位置。

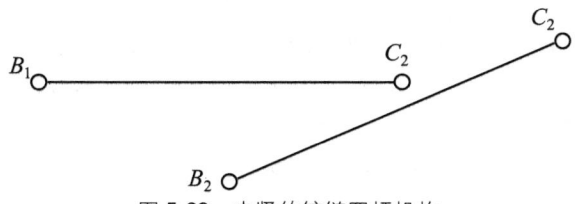

图 5-22 夹紧的铰链四杆机构

(9) 如图 5-23 所示六杆机构,曲柄 AB 为原动件,滑块 5 作左右冲压运动。用作图法求解:
①该机构的极位夹角 θ,写出滑块 5 的行程速比系数 k 的计算式;
②标出机构在图示位置的传动角 γ;
③作出滑块 5 的冲程 H。

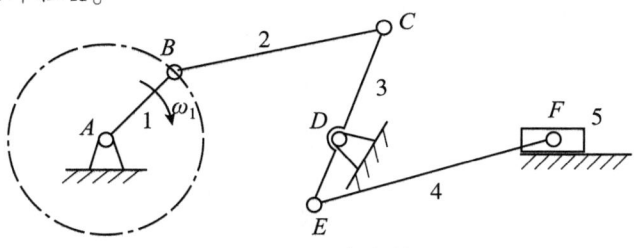

图 5-23 六杆机构

(10) 如图 5-24 所示摆动导杆机构，曲柄 AB 为原动件，已知导杆的转动中心 D 点位置。
① 画出机构的极限摆角 ψ；
② 标出机构的极位夹角 θ；
③ 标出机构在已知位置（B 点）处的传动角 γ。

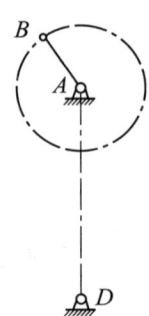

图 5-24　摆动导杆机构

(11) 已知四杆机构中两连架杆相对应的三组位置（见图 5-25），请用作图法确定 AB 杆上铰链点 B 的位置及 AB、BC 的长度。

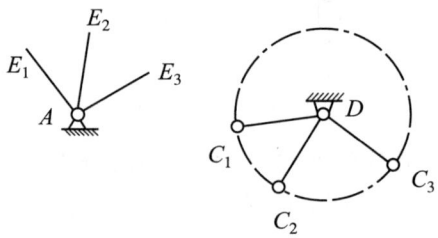

图 5-25　四杆机构

(12) 一偏置曲柄滑块机构，偏距 $e=20$ mm，原动件曲柄 AB 长 50 mm，机构的最小传动角 $\gamma_{min}=60°$。试用图解法求连杆 BC 的长度，滑块行程 H，并在图上标明极位夹角 θ。

(13) 如图 5-26 所示六杆机构，已知 $AB=15$ mm，$AD=40$ mm，$DE=60$ mm，$L=70$ mm。
① 求机构的极位夹角 θ 和急回运动特性系数 k；
② 确定滑块 F 的行程 H；
③ 在图上标出机构压力角最大的位置；
④ 滑块向左运动为工作行程，请标出曲柄 AB 的正确转向。

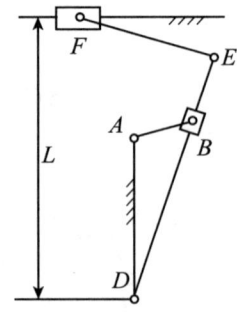

图 5-26　六杆机构

(14) 如图 5-27 所示插床的转动导杆机构,已知 $l_{AB}=50$ mm,机构的行程速比系数 $k=2$。

①请确定曲柄 BC 的长度;

②当曲柄长度为 150 mm 时,机构的行程速比系数 k 为多少?

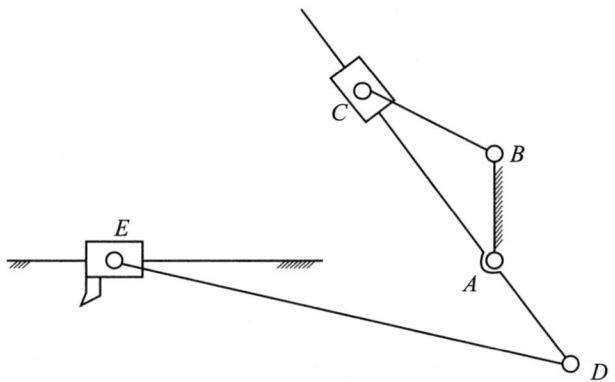

图 5-27 插床的转动导杆机构

(15) 如图 5-28 所示插床的摆动导杆驱动机构,主动件为曲柄 AB,插刀随滑块 E 运动,且 AC 与插刀导路垂直。已知 $l_{AC}=50$ mm,$l_{CD}=40$ mm,插刀向下运动为工作行程,急回特性系数 $k=2$。

①用作图法求出曲柄 AB 的长度及插刀 E 的行程 H;

②按照题目要求的工作行程,曲柄的旋转方向应该如何?

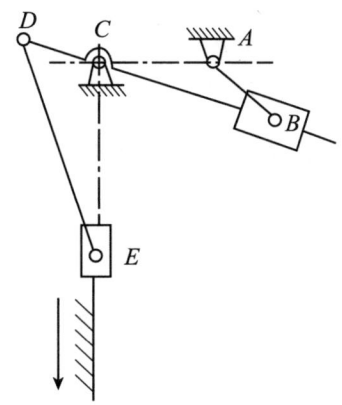

图 5-28 插床的摆动导杆驱动机构

(16) 如图 5-29 所示气动夹具,当气缸活塞 C 在下方位置时(图 a),夹臂处于打开位置;当活塞向上运动到连杆 BC 与气缸垂直的位置时,工件被夹紧(图 b)。在对工件进行加工操作时,气缸可以停止供气。

①请分析其夹紧的原理;

②为了夹紧可靠,活塞 C 通常还要向上移动一点距离,即连杆 BC 与水平方向夹角为 0~2°(图 c),请解释为什么?

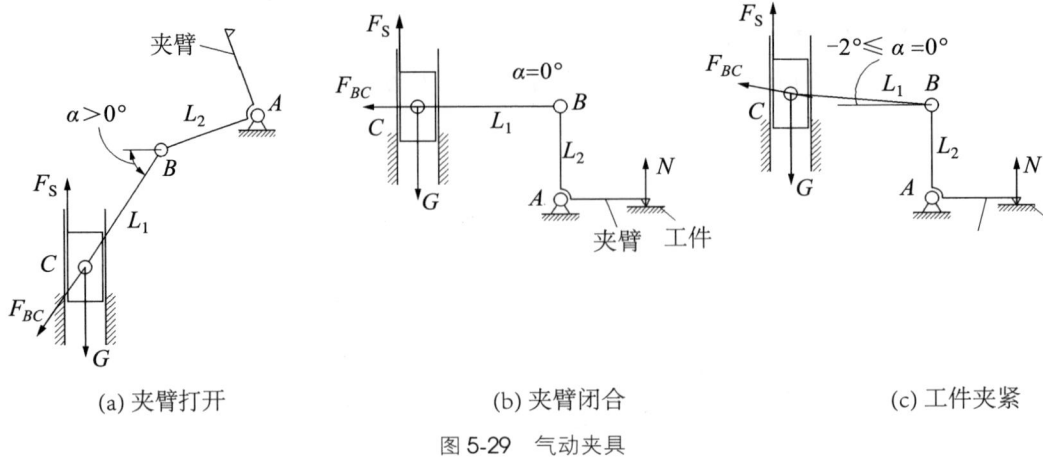

(a) 夹臂打开　　　　　　　　(b) 夹臂闭合　　　　　　　　(c) 工件夹紧

图 5-29　气动夹具

（17）如图 5-30 所示割刀机构的示意图，已知固定铰链点 A、D 的位置相距 750 mm，摆杆 CD 的长度 $l_{CD}=350$ mm 及其左极限位置 DC_1（与水平方向夹角 45°），割刀 F 的移动导轨距 AD 连线 500 mm，其行程 $H=650$ mm，且 F_1 点在 D 点的正上方，要求割刀的行程速比系数 $k=\dfrac{19}{17}$。试设计该机构。

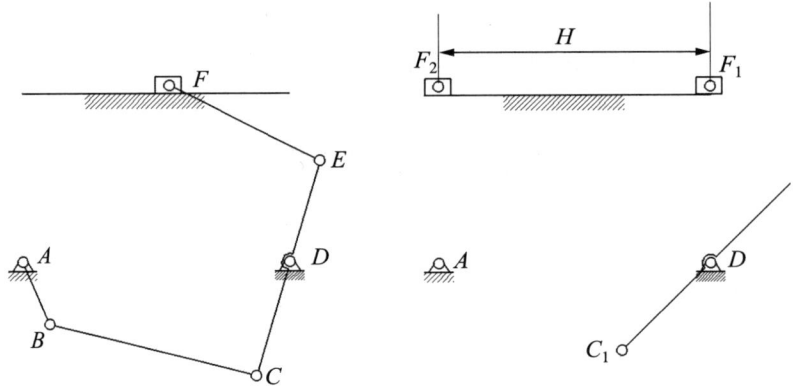

图 5-30　割刀机构

第6章 凸轮机构及其设计

 6.1 本章教学要求

（1）了解凸轮机构的类型、各类凸轮机构的特点和适用场合，会根据工程需求选择合适类型的凸轮机构；

（2）掌握从动件常用基本运动规律的特点及应用场合，了解不同运动规律组合拼接的方法，会根据工作需要选择或设计从动件运动规律；

（3）掌握凸轮机构基本参数的确定原则，包括基圆半径、滚子半径、偏置方向、偏距、平底宽度等；

（4）掌握反转法的原理，并运用其设计凸轮廓线。

 6.2 本章基本概念

表6-1 本章基本概念汇总

序号	概念	定义
1	基圆/基圆半径	凸轮理论廓线上离凸轮转动中心最短的距离称为基圆半径(r_0)。以基圆半径为半径所画的圆叫作凸轮的基圆(basic circle)
2	推程/推程运动角	凸轮转动过程中，推动从动件从最低(近)位置开始运动到最高(远)位置所对应的凸轮转角称为推程运动角(δ_0)。这个过程叫作推程(rising stroke)
3	回程/回程运动角	凸轮转动过程中，在形锁合或力锁合作用下，从动件从最高(远)位置开始运动到最低(近)位置所对应的凸轮转角称为回程运动角。(δ_0')；这个过程叫作回程(returning stroke)
4	远休止/远休止角	凸轮转动过程中，从动件处于最高(远)位置静止不动，此时凸轮转过的角度称为远休止角(δ_s)。这个过程叫作远休止(far dwell)
5	近休止/近休止角	凸轮转动过程中，从动件处于最低(近)位置静止不动，此时凸轮转过的角度称为近休止角(δ_s')。这个过程叫作近休止(near dwell)
6	正偏置	对于直动从动件凸轮机构，若从动件与机架构成的移动副不通过凸轮转动中心，称为偏置从动件凸轮机构。若偏置的方向使从动件推程的压力角相比于对心安装时减小，叫作正偏置(positive offset)。凸轮逆时针旋转时，从动件的正偏置方向应该在转动中心的右侧
7	偏距/偏距圆	直动从动件凸轮机构中，从动件的移动导路与凸轮转动中心之间的距离称为偏距(offset)。以凸轮的转动中心为圆心，偏距(e)为半径所画的圆称作偏距圆

(续表)

序号	概念	定义
8	理论廓线/实际廓线	通常把尖顶从动件的尖顶、滚子从动件的滚子转动中心、平底从动件的导轨中心线与平底的交点在复合运动中的轨迹称为凸轮的理论轮廓线(pitch curve)。滚子从动件和平底从动件凸轮机构的凸轮理论廓线是看不到的,而实际看到的轮廓叫作实际廓线(working profile)
9	从动件行程	凸轮回转一周,从动件从最低(最近)位置到最高(远)位置的距离(或摆角)称为从动件的行程(或动程)(h 或 φ)
10	直动从动件凸轮机构	从动件与机架之间是移动副连接,当凸轮转动时,从动件作往复移动
11	摆动从动件凸轮机构	从动件与机架之间以转动副连接,当凸轮转动时,推动从动件绕该转动副往复摆动
12	力锁合	从动件利用其本身自重或外部弹簧力等与凸轮始终保持接触的形式,称为力锁合
13	形锁合	从动件依靠其所具有的特殊几何形状与凸轮始终保持接触的形式,称为形锁合
14	刚性冲击	在从动件运动速度有突变的地方,理论上加速度无穷大,从而会产生无穷大的惯性力,引起机构振动,这种现象叫作刚性冲击(rigid shock)
15	柔性冲击	在从动件运动加速度有突变的地方,因为加速度不为零,从而产生一定的惯性力,引起机构振动,这种现象叫作柔性冲击(soft shock)
16	反转法	凸轮机构中,如果对整个机构加上绕凸轮转动中心且与凸轮转动方向相反、大小等于凸轮转速的公共速度 $-\omega$,则凸轮将固定不动,而从动件与凸轮之间的相对运动并不改变,此时直动从动件不仅按照已知运动规律在导路中作往复移动(摆动从动件按已知运动规律绕其摆动中心摆动),同时也随导路一起(摆动从动件随其摆动中心一起)以 $-\omega$ 速度绕凸轮转动中心转动。由于从动件尖顶始终与凸轮廓线接触,故反转后从动件尖顶的运动轨迹就是凸轮的理论廓线。这种设计凸轮廓线的方法称作反转法

 6.3 本章难点

(1)从动件运动规律的选择或设计

选择或设计从动件运动规律时,通常要考虑以下因素:满足工作对从动件的运动要求,保证凸轮机构具有良好的动力特性,考虑所设计的凸轮廓线便于加工等。

一般来说,在高速运转的凸轮机构中,首先应考虑凸轮具有良好的动力特性,因此,从动件的运动规律不应存在刚性冲击和柔性冲击;在低速运转的凸轮机构中,首先考虑的是凸轮廓线便于加工,其次兼顾动力特性,因为速度较低,动力特性不是主要的。

采用组合运动规律时,需要将几种运动规律拼接起来组成新的运动规律。拼接之后的运动规律应满足以下三个条件:①从动件所需的运动要求;②运动规律拼接处的位移、速度、加速度应连续,即保证组合运动规律中不存在冲击;③通过选择恰当的主运动规律,使组合运动规律的最大速度和最大加速度值尽可能小,以减小机构运动时的振动。

（2）凸轮基圆半径的确定

对于直动从动件盘形凸轮机构，其压力角为 $\tan\alpha = \dfrac{ds/d\delta - e}{s + \sqrt{r_0^2 - e^2}}$。在其他条件不变的情况下，基圆半径越大，压力角越小。但基圆半径增大会使机构的整体尺寸变大，因此，基圆半径应该在满足机构最大压力角 $\alpha_{\max} \leq [\alpha]$ 的条件下合理选取。基圆半径计算公式为

$$r_0 \geq \sqrt{[(ds/d\delta - e)/\tan[\alpha] - s]^2 + e^2} \tag{6-1}$$

式中：s 为从动件位移规律；δ 为凸轮转角；e 为偏距；r_0 为基圆半径。

（3）凸轮机构的压力角

尖顶从动件盘形凸轮机构中，尖顶的速度方向与凸轮廓线作用点处的法线（即不考虑摩擦时凸轮作用在从动件上力的方向）之间的夹角即为此处的压力角。若是滚子从动件，则压力角是滚子转动中心的速度方向与此处凸轮理论廓线的法线之间的夹角。如图6-1所示。

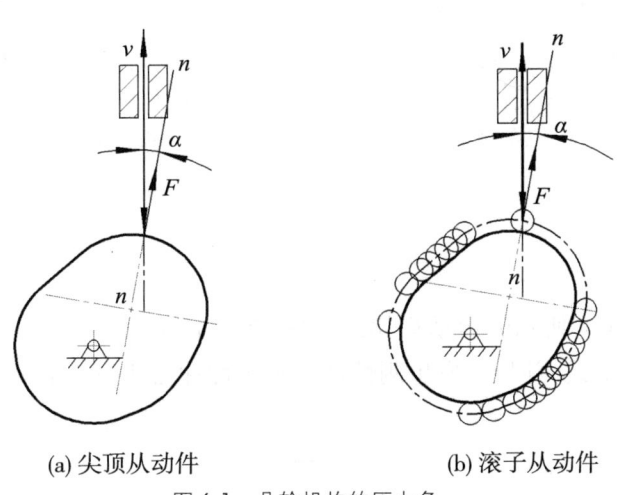

(a) 尖顶从动件　　　　(b) 滚子从动件

图 6-1　凸轮机构的压力角

（4）反转角度的度量

用图解法设计凸轮廓线，或用反转法确定凸轮廓线，或用反转法度量凸轮反转角度时，确定凸轮反转角度的方法有三种。

①直动从动件盘形凸轮机构，两个时刻之间凸轮转动的角度等于从动推杆在两个时刻所占据位置之间的夹角（图6-2中 B_1K_1 与 B_2K_2 之间的夹角），也等于两个时刻从动推杆（或其延长线）与基圆的交点（B_1、B_2）分别和凸轮转动中心 O 连线 OB_1 与 OB_2 之间的夹角（图6-2中 $\angle B_1OB_2$），还等于两个时刻从动推杆与偏距圆切点 A_1、A_2 分别和凸轮转动中心连线 OA_1 与 OA_2 之间的夹角（图6-2中 $\angle A_1OA_2$）。

同学经常会犯的一个错误是，直接把两个时刻从动推杆和凸轮廓线的交点（K_1、K_2）与凸轮转动中心 O 连接，认为这两个连线之间的夹角（$\angle K_1OK_2$）是凸轮转角，这是错误的。

②摆动从动件盘形凸轮机构中，两个时刻之间凸轮转动的角度等于从动推杆动中心 A_1、A_2 与凸轮转动中心 O 连线的夹角（图6-3中 $\angle A_1OA_2$），也等于两个时刻所对应的从动推杆头

部与基圆交点 B_1、B_2 和凸轮转动中心 O 连线之间的夹角(图 6-3 中 $\angle B_1OB_2$),但不等于从动杆头部与凸轮廓线的交点 K_1、K_2 与凸轮转动中心连线的夹角(图 6-3 中 $\angle K_1OK_2$)。

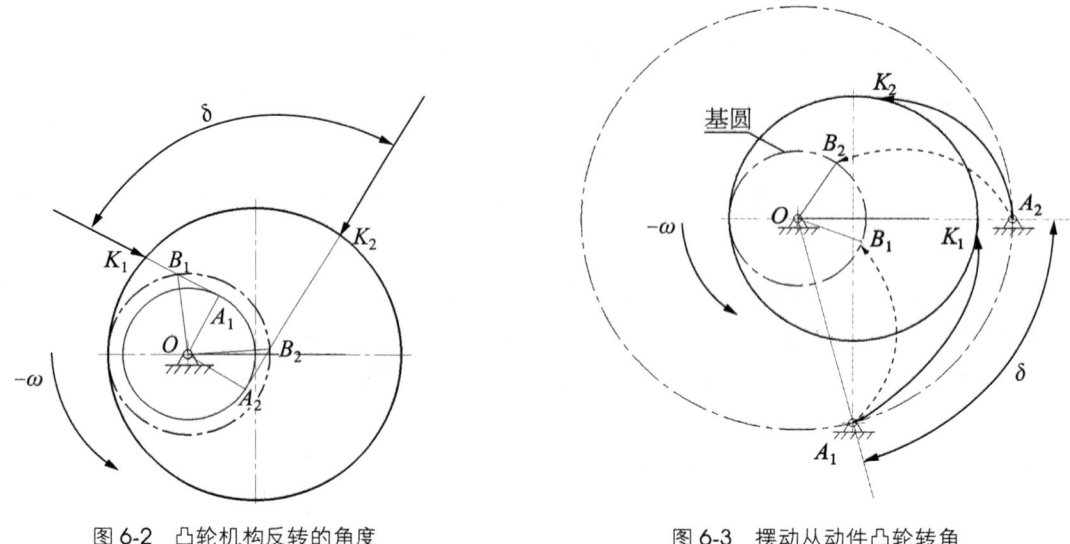

图 6-2 凸轮机构反转的角度　　　　　图 6-3 摆动从动件凸轮转角

6.4 本章例题

【例题1】 在图 6-4 所示的运动规律线图中,各段运动规律没有表示完全。请根据给定部分补足其余部分的曲线,并指出发生刚性冲击和柔性冲击所对应的凸轮转角。

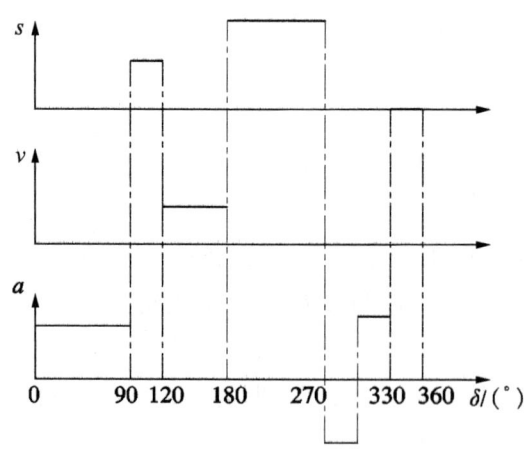

图 6-4 运动规律线图

【解】 0°~90°段,由加速度线图可知为等加速运动规律;90°~120°段,由位移线图可知从动件是静止的;120°~180°段,由速度线图可知为等速运动规律;180°~270°段,由位移线图可知从动件静止不动;270°~330°段,由加速度线图可知为等加速、等减速运动规律,故补全后的运动线图如图 6-5 所示。

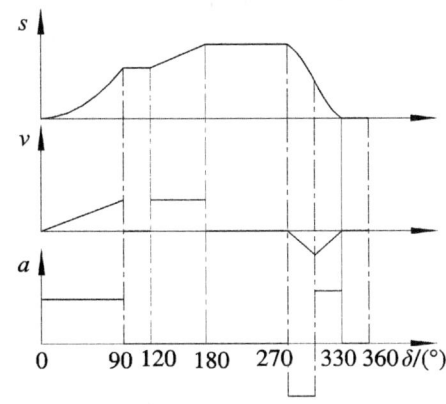

图 6-5 补全后的运动线图

【例题 2】 一偏置直动滚子从动件盘形凸轮机构,凸轮实际轮廓是一个半径 $r=50$ mm 的偏心圆盘,凸轮转动中心到圆盘几何中心的距离为 10 mm,滚子半径 $r_T=5$ mm,凸轮顺时针转动。

(1) 绘制凸轮的理论廓线、实际廓线及偏距圆;
(2) 画出凸轮基圆,并说明基圆半径是多少?
(3) 在图上标出从动件的正偏置方向,并画出从动件升程 h;
(4) 从动件在何处时凸轮机构的压力角最大和最小?

【解】

(1) 如图 6-6 所示,选绘图比例 1∶1。根据题意,凸轮的实际轮廓是一个直径为 100 mm 的偏心圆盘,故绘制 $r=50$ mm 的圆,圆心为 O,这就是凸轮的实际廓线。距圆心 O 点 10 mm 的地方任找一点作凸轮的转动中心 A。以 A 为圆心,$e=10$ mm 为半径画圆,即为偏距圆。理论廓线是实际廓线法线方向的等距线,因为实际廓线是一个圆,故以 O 点为圆心,以 $r+r_T$ 为半径画圆,得到凸轮的理论廓线。

(2) 连接 OA 并延长,与理论廓线分别交于 M、N 点,其中 M 是凸轮理论廓线上距离转动中心最近的点,$MA=r-e+r_T=50-10+5=45$ mm,即基圆半径为 45 mm。

(3) 因为凸轮顺时针转动,为了降低推程的压力角,从动件应该偏于凸轮转动中心的左侧。当从动件滚子中心在理论廓线的 N 点时,从动件距转动中心最远,过 N 点作偏距圆的切线,切点为 N',NN' 与基圆相交于 Q 点;当从动件滚子中心在理论廓线的 M 点时,从动件距转动中心最近,过 M 点作偏距圆切线,切点为 M'。根据几何关系,有 $N'Q=MM'$,故从动件的升程为

$$h=NN'-MM'=NN'-N'Q=NQ$$

(4) 凸轮机构的压力角是从动件滚子中心的运动速度方向与其受到的滚子给它的作用力方向之间的夹角。其中滚子作用在转动中心的力沿着理论廓线的法线方向,因为理论廓线是一个圆心在 O 点的圆,故法线就是连接滚子转动中心与理论廓线几何中心 O 点的连线。而从动件运动速度方向总是沿着推杆的移动方向,即永远与偏距圆相切。所以,不管从动件在何

处,连接滚子中心、从动推杆与偏距圆的切点以及凸轮转动中心,三点组成直角三角形。在推程中,机构压力角的对边就是偏距圆半径,在该直角三角形中,在对边长度不变的情况下,邻边越长,则压力角越小,故可知,∠ANN′是最小压力角,而∠AMM′是最大压力角。在回程中,该直角三角形的对边是 O 点到推杆与偏距圆切点 K 的连线,且当 O、A、K 三点共线时 OK 最长,即此时压力角最大。故机构在一个运动周期中最大压力角是∠K′KO。

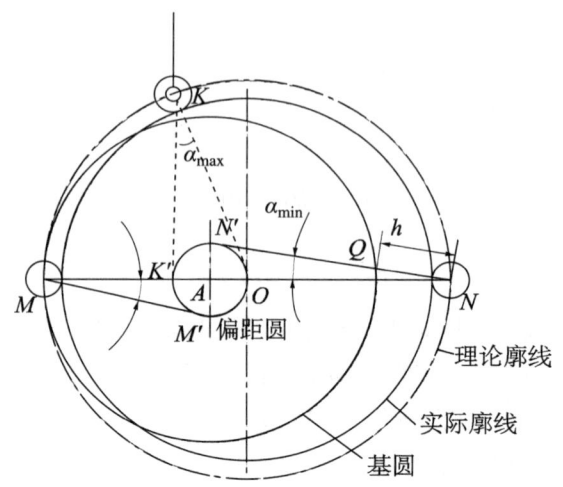

图 6-6 偏置直动滚子从动件盘形凸轮机构

【例题 3】 设计一对心滚子直动从动件盘形凸轮机构,凸轮逆时针转动,推程和回程的运动规律及对应的凸轮转角见表 6-2,选择基圆半径 150 mm,滚子半径 20 mm,从动件行程 40 mm。请用图解法设计凸轮廓线。

表 6-2 凸轮机构的参数

推程运动角	推程运动规律	回程运动角	回程运动规律	远休止角	近休止角
120°	正弦加速度	120°	等加速等减速	80°	40°

【解】

(1)首先根据题意绘制从动件的位移线图(见图 6-7),或用表格形式表示从动件位移与凸轮转角的关系(表 6-3)。

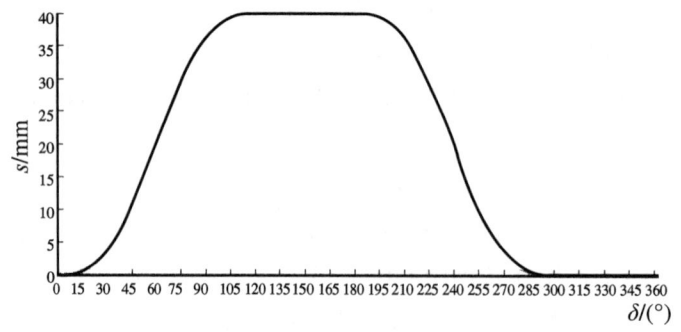

图 6-7 从动件位移线图

表 6-3 从动件位移与凸轮转角的关系

$\delta/(°)$	基圆上对应的点	s/mm	$\delta/(°)$	基圆上对应的点	s/mm
0	B_0	0.000	200	D_0	40.000
20	B_1	1.154	220	D_1	37.778
40	B_2	7.820	240	D_2	31.111
60	B_3	20.000	260	D_3	20.000
80	B_4	32.180	280	D_4	8.889
100	B_5	38.847	300	D_5	2.222
120	B_6	40.000	320	D_6	0.000
140		40.000	340		0.000
160		40.000	360		0.000
180		40.000			

（2）绘制凸轮廓线。先以 $r_0 = 300$ mm 为半径绘制基圆，圆心为凸轮转动中心 O。在基圆上任选一点 B_0 作为从动杆最低位置。

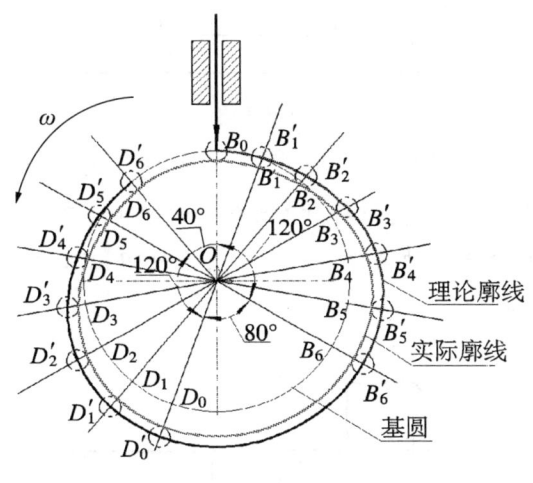

图 6-8 凸轮廓线

从 OB_0 开始，沿凸轮转向的反方向将基圆一周 360° 依次分出 120°、80°、120° 和 40°，即推程运动角、远休止角、回程运动角和近休止角。

再分别将推程运动角（120°）和回程运动角（120°）分成均匀的 6 份，在基圆上得到对应的等分点 B_1、B_2、…B_6 和 D_0、D_1、…D_6，连接圆心 O 和这些等分点。

沿圆心 O 与这些点的连线从基圆开始向外量取线段，线段的长度分别等于表 6-2 中对应的从动件此刻位移 s，得到 B_1'、B_2'、…B_6' 和 D_0'、D_1'、D_2'、…D_6'，其中 $\overset{\frown}{B_6'D_0'}$ 是远休止圆弧段，$\overset{\frown}{D_6'B_0}$ 是近休止圆弧段，将 B_1'、B_2'、…B_6' 和 D_0'、D_1'、D_2'、…D_6' 各点用光滑的曲线连接起来就得到凸轮的理论廓线。

以 B'_1、B'_2、…B'_6 和 D'_0、D'_1、D'_2、…D'_6 各点为圆心，$r_T=20$ mm 为半径画圆，这些圆代表此刻滚子所占据的位置，作上述滚子圆的内包络线，就得到凸轮的实际廓线。

6.5 本章习题

6.5.1 概念题

（1）当凸轮机构的最大压力角超过许用压力角时，可采取_____、_____ 或_____ 措施来减小压力角。

（2）凸轮机构从动件的运动规律要尽可能避免_____ 突变和_____ 突变，前一种突变理论上会使从动件受到无穷大的惯性力，即产生_____ 冲击，后一种突变会引起_____ 冲击。

（3）凸轮机构中，从动件速度随凸轮转角变化的线图如图 6-9 所示，则在凸轮转角_____ 处存在刚性冲击，在凸轮转角_____ 处存在柔性冲击。

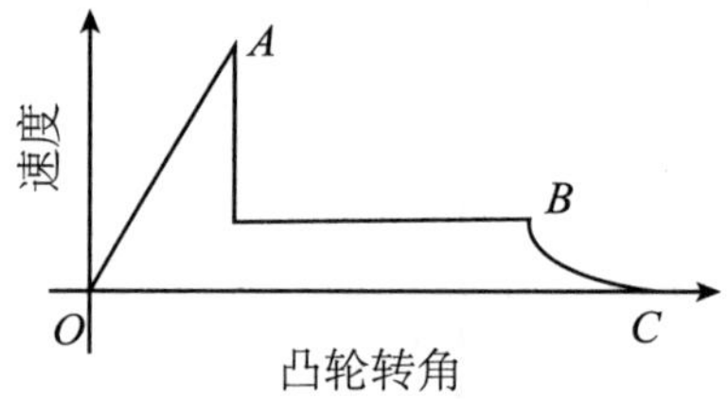

图 6-9 从动件速度随凸轮转角变化线图

（4）某凸轮机构，凸轮回转一周，推杆作"上升—远休止—下降—近休止"运动，其速度线图如图 6-10 所示。凸轮的推程运动角为_____°；推杆回程采用的是_____ 运动规律；在_____ 点处存在刚性冲击。

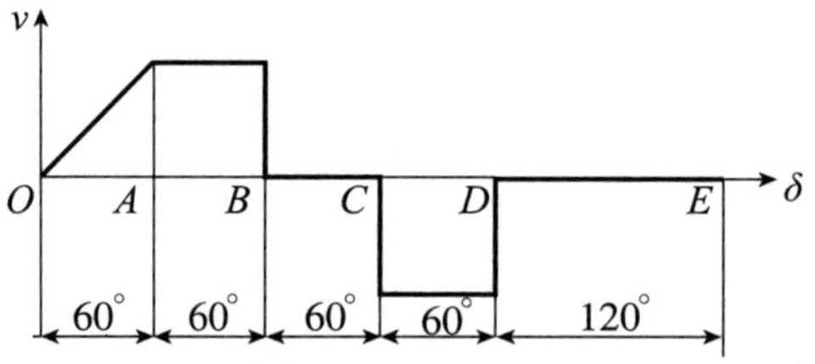

图 6-10 速度线图

（5）尖顶从动件盘形凸轮机构，基圆半径变大，机构的压力角将_____；若盘形凸轮尺寸大小不变，可采取几种措施来减小凸轮机构的压力角，其中一种措施为_____。

（6）为确保实际凸轮机构中凸轮与推杆在运动过程总保持接触而不脱开，通常采取_____ 封闭和_____ 封闭形式。

（7）在推程阶段采用等速运动规律，凸轮机构将产生_____ 冲击。在推程阶段采用组合曲线运动规律，其目的是_____。

(8) 在凸轮机构中,经常在从动件的端部使用一个小滚子,从而引入一个局部自由度,该局部自由度对机构的输出运动_____(①有;②没有)影响,其作用是_____。

(9) 凸轮机构中,若从动件的推程和回程都采用余弦加速度规律,且近休止角和远休止角都不为零,则在_____处有加速度突变,即存在_____冲击;若只有近休止角而远休止角为零时,有_____突变,分别在_____时刻。

(10) 凸轮基圆半径是从_____到_____轮廓的最短距离。

(11) 试将图 6-11 所示直动平底从动件盘形凸轮机构的压力角数值填入括号内。

(A) α=(　　　　);　　(B) α=(　　　　)

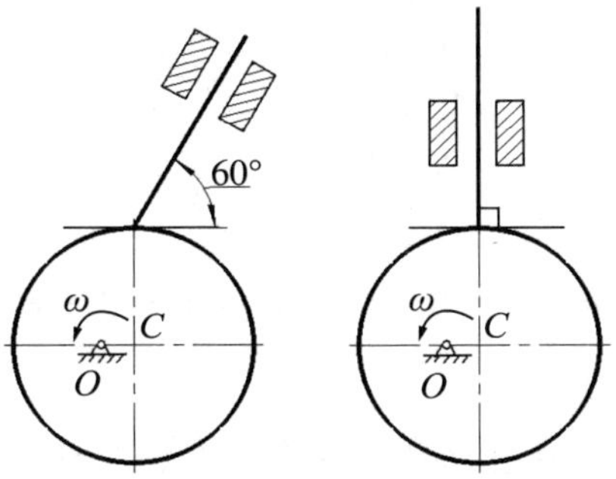

(a) 推杆与平底不垂直　　(b) 推杆与平底垂直

图 6-11　直动平底从动件盘形凸轮机构

(12) 凸轮机构从动件的几种常用运动规律中,_____运动规律有刚性冲击,_____运动规律有柔性冲击,_____运动规律无冲击。

(13) 滚子从动件盘形凸轮的理论廓线和实际廓线之间的关系为_____。当基圆半径增大时,压力角将_____。

(14) 直动推杆盘形凸轮机构往往将推杆作适当方向的偏置,其目的是_____。

(15) 某凸轮机构,若推杆推程和回程分别采用等速运动规律和等加速等减速运动规律,则凸轮机构会产生_____冲击。

(16) 凸轮机构的基圆半径越大,压力角则越_____。滚子半径越大,则工作廓线越____(①容易;②不容易)失真。

(17) 设计滚子推杆盘形凸轮的廓线时,发现其有变尖现象,则在尺寸参数的改变上应采取的措施之一是_____。

(18) 尖端直动从动件盘形凸轮,为改善磨损,将推杆头部改用滚子,仍用原凸轮,此时推杆运动情况将_____。

(A) 动程和位移变化规律都不变

(B) 动程和位移变化规律都变

(C) 动程改变,位移规律不变

(D) 动程不变,位移规律改变

(19)如图 6-12 所示滚子直动从动件盘形凸轮机构,为减小升程压力角,可采取的措施有_____(多重选择):

(A)将推杆偏置在凸轮转动中心的右侧

(B)增大滚子半径

(C)将推杆偏置在凸轮转动中心的左侧

(D)增大凸轮基圆半径

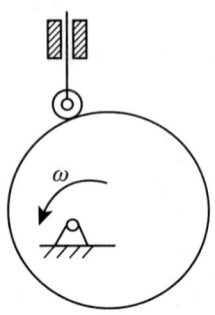

图 6-12　滚子直动从动件盘形凸轮机构

6.5.2　综合题

(1)图 6-13 所示为一偏置尖底直动从动件盘形凸轮机构。已知凸轮为一以 C 点为中心、半径 R=30 mm 的圆盘,转动中心离圆心 10 mm,从动件偏距 e=10 mm,凸轮转向如图所示。试用图解法求解:

① 凸轮的基圆半径 r_b 和从动件的升程 h;

② 凸轮由从动件运动的起始位置转过 60°,B 点与尖顶接触时,求此时机构的压力角 α。

(2)画出图 6-14 所示凸轮机构中凸轮的理论廓线,并标出凸轮基圆半径 r_0 和推杆的行程。

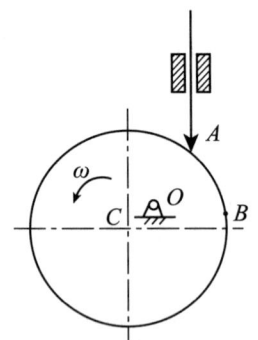 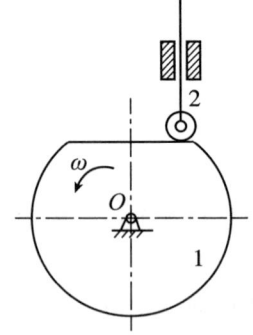

图 6-13　偏置尖底直动从动件盘形凸轮机构　　图 6-14　偏置直动滚子从动件盘形凸轮机构

(3)如图 6-15 所示的对心直动滚子从动件盘形凸轮机构,凸轮的实际廓线为一圆心在 A 点、半径 R=40 mm 的圆,凸轮转向如图所示,OA=25 mm,滚子半径 r_r=10 mm。

① 凸轮的理论廓线为何种曲线?请在图上画出。

②标出凸轮的基圆半径 r_b。
③用作图法找出从动件的升程 h。

（4）一偏置直动滚子从动件盘形凸轮，初始位置如图 6-16 所示。试求：
①当凸轮从图示位置转过 150°，滚子与凸轮廓线的接触点 D_1 时，从动件相应的位移 s_1；
②当滚子中心位于 B_2 点时，凸轮机构的压力角 α_2。

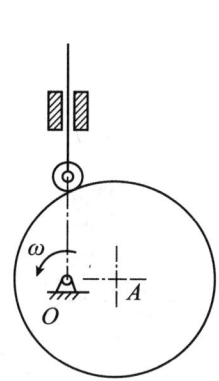

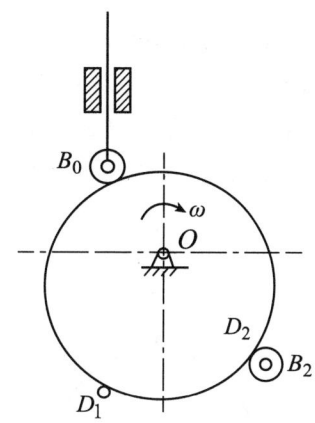

图 6-15　对心直动滚子从动件盘形凸轮机构　　　图 6-16　偏置直动滚子从动件盘形凸轮机构

（5）如图 6-17 所示凸轮机构，凸轮的实际廓线是一个圆，圆心在 A 点，半径为 R，凸轮绕轴心 O 逆时针方向旋转，滚子半径 r_r，偏心距 e。
①画出凸轮的理论廓线，并说明理论廓线为何种曲线；
②请在图中标出基圆半径 r_0；
③请用作图法求出从动件的行程 h，并写出作图步骤；
④在图中标出推杆在最远处时机构的压力角。

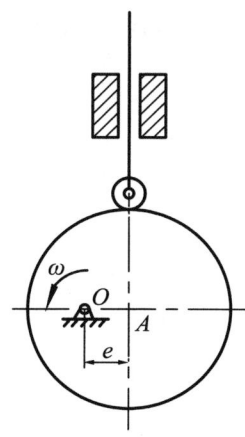

图 6-17　偏置直动滚子从动件盘形凸轮机构

（6）如图 6-18 所示凸轮机构，凸轮的实际廓线是一个圆，圆心在 A 点，半径为 R，凸轮绕轴心 O 逆时针方向旋转，从动件的偏距为 e。

①标出凸轮的最大压力角及最小压力角,并指出是发生在从动件的升程还是回程?
②当凸轮形状和转向不变,仅将从动件端部增加一个滚子,从动件的运动规律是否变化?
③请用作图法求出从动件的行程h,并写出作图步骤;
④若将凸轮转向改为顺时针方向,凸轮机构的最大压力角如何变化?

(7)如图 6-19 所示凸轮机构,凸轮工作廓线由圆心在 O 点的圆弧 $\stackrel{\frown}{AD}$、圆心在 O' 点的圆弧 $\stackrel{\frown}{BC}$ 以及同时与它们相切的两个直线段 AB、DC 组成,凸轮逆时针旋转。
①画出凸轮的基圆,并标出基圆半径 r_0;
②标出机构在图示位置的压力角 α;
③用反转法标出当凸轮工作廓线的 K 点与滚子接触时,推杆的位移 s。

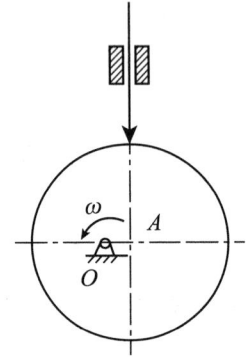
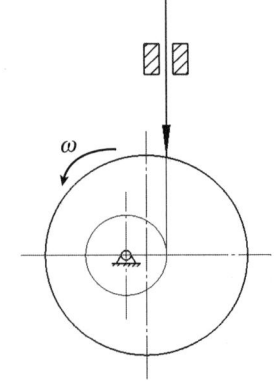

图 6-18 偏置直动尖顶从动件盘形凸轮机构　　图 6-19 偏置直动滚子从动件盘形凸轮机构

(8)如图 6-20 所示凸轮机构,凸轮工作廓线为圆心在 O 点的圆,凸轮转向如图所示。
①请画出凸轮的理论廓线和基圆,并标出基圆半径 r_0;
②标出机构在图示位置的压力角 α;
③用反转法标出推杆从图示位置移动位移 s 时,凸轮的转角 δ;
④用反转法确定推杆的行程 h。

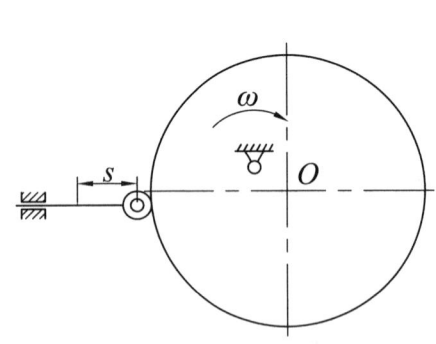

图 6-20 偏置直动滚子从动件盘形凸轮机构　　图 6-21 偏置直动尖顶从动件盘形凸轮机构

(9) 设计一直动从动件凸轮机构,拟采用一偏心圆盘作为凸轮,圆盘直径为 50 mm,凸轮的转动中心到圆盘几何中心的距离为 5 mm,从动件的偏距为 10 mm,如图 6-21 所示。

①在图上画出该凸轮的基圆,并计算基圆半径 r_0 的大小;

②在图上标出从动件的升程 h(最低位置到最高位置的距离),并计算 h 的大小;

③在图上标出凸轮由图示位置逆时针旋转 90°后机构的压力角 α,并计算 α 的大小;

④若改用滚子从动件(滚子中心取在原从动件的尖顶处),设滚子的半径为 2 mm,凸轮的实际轮廓线是一条怎样的曲线?请在图上按比例画出。

(10) 有一对心滚子直动从动件盘形凸轮机构,凸轮实际轮廓是一半径为 60 mm 的圆,转动中心距其圆心 20 mm,滚子半径为 5 mm。

①请按 1∶1 比例画出凸轮的实际廓线、理论廓线、基圆,并标出基圆半径的大小;

②请问从动件从最低位置运动到最高位置,其行程是多少?

③从动件在最低和最高位置时刻,机构的压力角分别是多少?(在图中标出)

④在图上画出机构的压力角 α 最大时从动件所在的位置。

(11) 有一偏置滚子从动件盘形凸轮机构,凸轮逆时针回转,推杆位移曲线如图 6-22 所示,其中基圆、滚子半径和偏距已给定。

①请绘制凸轮的理论廓线和实际廓线;(保留作图步骤和线条)

②该凸轮机构是否存在冲击?若存在冲击是何种冲击,为什么?

③若按现在条件设计的机构推程压力角偏大,但要保持从动件运动规律不变,请问有哪些措施可减小机构的压力角?

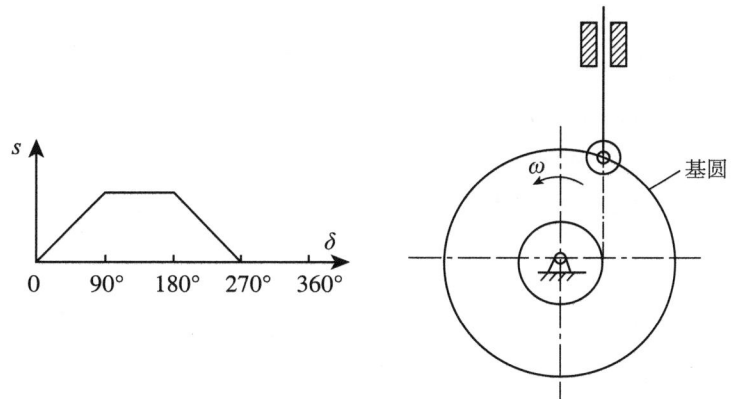

图 6-22 偏置直动滚子从动件盘形凸轮机构设计

(12) 有一对心滚子直动从动件盘形凸轮机构,已知凸轮的实际轮廓线和滚子半径,凸轮转动方向为逆时针(见图 6-23)。

①画出该凸轮机构的理论廓线及基圆;

②标出机构在图示位置的压力角 α;

③在右侧从动件位移线图中标出凸轮在 δ=90°、180°、270°和 360°时推杆的位移;

④凸轮推程运动角和回程运动角各是多少?

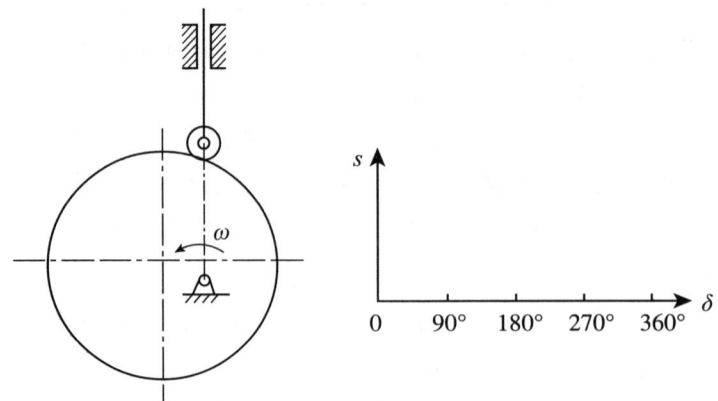

图 6-23 对心直动滚子从动件盘形凸轮机构设计

(13) 有一偏置直动滚子从动件盘形凸轮机构,凸轮轮廓线如图 6-24 所示。
① 画出凸轮的理论廓线、基圆和偏距圆;
② 在理论廓线上分别标出从动件在位移 $s=0$ 和 $s=s_{max}$ 时的位置,以及从动件行程 h;
③ 标出凸轮机构推程运动角 δ_0;
④ 标出图示位置机构的压力角 α;
⑤ 说明该凸轮是否存在远休止角。

(14) 有一偏置直动尖端从动件盘形凸轮机构,凸轮轮廓线如图 6-25 所示,已知 $\overset{\frown}{EF}$ 和 $\overset{\frown}{GH}$ 为两段以 A 为圆心、半径不等的圆弧。请在图上进行如下操作:
① 画出凸轮的基圆和偏距圆;
② 分别标出该凸轮在推程阶段位移 $s=0$ 和 $s=s_{max}$ 时的位置,以及从动件位移大小;
③ 标出凸轮机构推程运动角 δ_0;
④ 标出在图示位置时机构的压力角 α;
⑤ 若从动件头部增加图示比例半径为 5 mm 的滚子,作出对应的凸轮实际廓线。

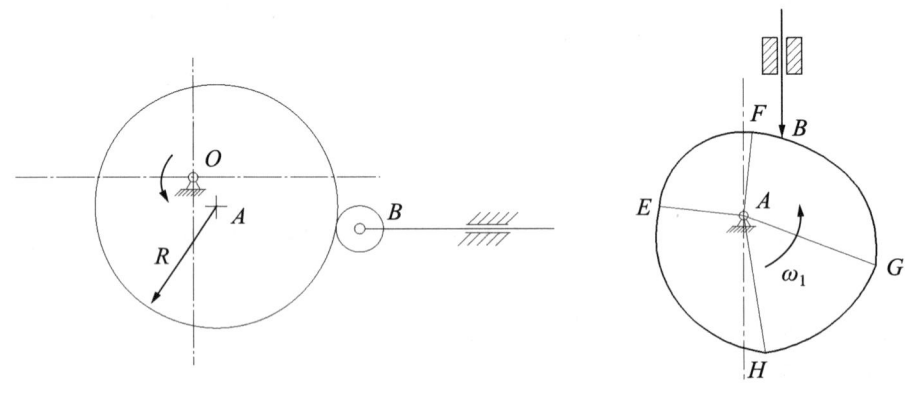

图 6-24 凸轮轮廓线　　图 6-25 凸轮轮廓线

（15）如图6-26所示尖顶直动推杆盘形凸轮机构，凸轮逆时针旋转。

① 请在图上标示出推杆与凸轮从 C 点接触到 D 点接触，凸轮转过的角度 φ；

② 标出推杆与凸轮在 D 点接触时的压力角 α；

③ 标出在 D 点接触时推杆的位移 s；

④ 若推杆头部增加一个半径为 r 的滚子，且要保持其运动规律不变，请画出此时的凸轮实际廓线（滚子半径大小自己选定）；

⑤ 标出机构出现最大压力角的位置，并标出最大压力角 α_{max}。

（16）如图6-27所示直动滚子从动件盘形凸轮机构，凸轮逆时针旋转，从动件位于最低位置时为机构的起始位置。

① 请画出凸轮的理论廓线；

② 请画出凸轮的基圆，并指出基圆半径 r_0；

③ 当滚子与凸轮在 B 点接触时，机构的压力角 α 是多少？请在图上标出，并在图上标出此刻从动件的位移 s，相对于起始位置凸轮转过的角度 φ；

（17）画出图6-28所示凸轮机构推杆的位移曲线，量出推杆的行程、凸轮的推程运动角、远休止角、回程运动角、近休止角的数值，并量出凸轮从图示的起始位置转过100°时机构压力角的大小。

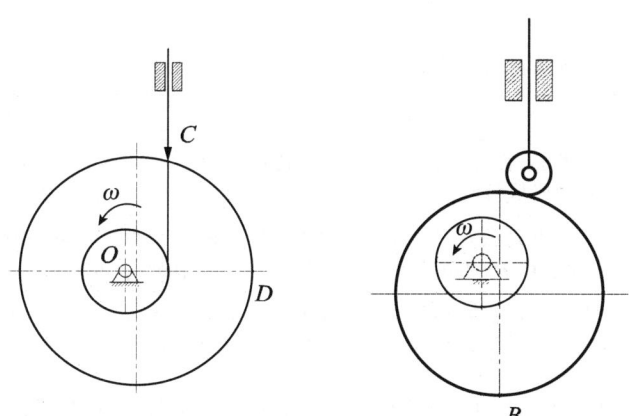
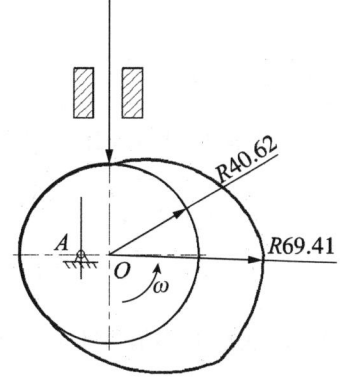

图6-26 尖顶直动推杆盘形凸轮机构　　图6-27 盘形凸轮机构　　图6-28 凸轮机构推杆的位移曲线

第 7 章 齿轮机构及其设计

 7.1 本章教学要求

(1) 了解齿轮机构的类型、特点和应用场合;
(2) 掌握齿廓啮合的基本定律以及定传动比传动条件;
(3) 掌握渐开线的特性、渐开线齿廓的啮合特性;
(4) 掌握直齿圆柱齿轮的基本参数、啮合传动及几何尺寸计算;
(5) 了解渐开线齿轮的加工方法及其原理,根切现象产生的原因及避免根切的措施;
(6) 掌握斜齿圆柱齿轮的正确啮合条件及几何尺寸计算;
(7) 了解蜗轮蜗杆传动和锥齿轮传动的基本参数、正确啮合条件及几何尺寸计算。

 7.2 本章基本概念

表 7-1 本章基本概念汇总

序号	概念	定义
1	齿廓啮合基本定律	相互啮合传动的一对齿廓,在任一位置时的传动比都与其连心线被齿廓啮合点处公法线所分成的两段成反比
2	节点/节圆	相互啮合的两齿廓啮合点处公法线与连心线的交点 P 称为节点。以转动中心为圆心,转动中心到节点 P 的距离为半径所画的圆称为节圆(pritch circle)
3	两齿廓定传动比条件	若一对齿廓无论在何处啮合,其啮合点的公法线与齿轮连心线交点 P 的位置不变,则这对齿廓的传动比恒定不变。这就是定传动比条件。 $i_{12}=\omega_1/\omega_2=O_2P/O_1P=$ 常数 工程意义:i_{12} 为常数,可减小因速度变化所产生的附加动载荷、振动和噪声,延长齿轮的使用寿命,提高机器的工作精度
4	渐开线、基圆、发生线	当一直线绕一圆周作纯滚动时,直线上任意一点的轨迹就是一条渐开线(involte)。被滚过的圆称为基圆(basic circle),直线称为发生线(generating line)
5	渐开线函数	$\theta_K = \tan\alpha_K - \alpha_K$。$\theta_K$ 为从基圆到渐开线上 K 点的渐开线对应的基圆圆心角,称为渐开线的展角;α_K 为渐开线在 K 点处的压力角
6	渐开线的特性	发生线在基圆上滚过的直线长度等于基圆上被滚过的圆弧长度; 渐开线上任意一点的法线恒与基圆相切; 渐开线在基圆上的曲率半径为零,压力角也为零; 渐开线离基圆越远处,其曲率半径越大,压力角也越大; 渐开线的形状完全取决于基圆半径的大小; 基圆内无渐开线

(续表)

序号	概念	定义
7	渐开线齿廓的啮合特点	渐开线齿廓能保证定传动比传动； 渐开线齿廓具有可分性，即当两齿轮的实际中心距与设计中心距略有不同时，齿轮的传动比不变，永远等于两齿轮基圆半径的反比； 渐开线齿廓之间的正压力方向不变，永远沿两基圆的内公切线
8	模数	齿轮模数（gear modulus）是模数制轮齿的一个基本参数，是人为抽象出来用于度量轮齿规模的数，目的是标准化齿轮刀具，降低成本
9	齿轮的基本参数	齿轮的基本参数包括齿数 z、模数 m、压力角 α
10	分度圆	直齿圆柱齿轮上齿厚和齿槽宽相等的圆，称为分度圆（pitch circle）。在分度圆上 $p=\pi m$，$s=e=\pi m/2$
11	压力角 α、啮合角 α'	齿轮的压力角（pressure angle）专指渐开线在分度圆上的压力角，是渐开线齿轮固有的，不会随安装状况的改变而改变； 齿轮的啮合角（working pressure angle）则是当两个齿轮啮合之后，过节点所作的两基圆内公切线与连心线的垂线之间的夹角。连心线的垂线即是齿廓在 P 点的速度方向
12	渐开线直齿圆柱齿轮正确啮合的条件	渐开线直齿圆柱齿轮正确啮合的条件是，两齿轮的模数和压力角分别相等，并等于标准值，即 $m_1=m_2=m$，$\alpha_1=\alpha_2=\alpha$
13	理论啮合线/实际啮合线	相互啮合的两渐开线齿轮，其基圆的内公切线称为理论啮合线（normal action line），用 N_1N_2 表示；两齿轮齿顶圆与内公切线的交点之间的距离称为实际啮合线（actual action line），用 B_2B_1 表示
14	重合度/渐开线齿轮连续传动的条件	齿轮实际啮合线长度 B_2B_1 与法向齿距 p_b 之比称为重合度（contact ratio），用 ε_α 表示（$\varepsilon_\alpha=B_1B_2/p_b$）； 渐开线齿轮连续传动的条件是，重合度 ε_α 大于等于 1
15	仿形法	用齿轮加工刀具切出齿轮的齿槽，刀具的"截面形状"是齿轮齿槽的形状，这种加工方法叫仿形法。加工过程中，没有齿轮啮合运动，加工出来的齿轮精度低，一般精度在 11 级以下
16	范成法	加工时，齿轮刀具与被加工齿轮之间有"齿轮啮合"运动。齿轮刀具的齿廓刀刃在运动中包络出被加工齿轮的齿廓（齿面），是理想的渐开线。范成法加工精度较高，常见的有滚齿、插齿、剃齿（属于精加工）
17	根切	用齿条刀具或滚刀范成法加工齿轮时，若刀具的齿顶线或齿顶圆与啮合线的交点超过被切齿轮的啮合极限点 N_1，刀具的齿顶将被加工齿轮的齿根多切去一部分，使被加工齿轮的齿根处出现凹形，这就是根切现象
18	直齿圆柱齿轮不发生根切的最少齿数	直齿圆柱轮不发生根切的齿数不应小于 17。如果齿轮齿数较少，需要适当的正变位

(续表)

序号	概念	定义
19	变位齿轮、变位传动的类型	加工时,刀具的分度线与轮坯的分度圆不相切,这时加工出的齿轮在分度圆上不再有 $s=e$,称作变位齿轮。变位齿轮要成对使用。 变位齿轮传动的三种类型:正传动,总变位系数>0;高度变位,总变位系数=0;负传动,总变位系数<0
	正传动及其特点	总变位系数大于0。齿面接触强度和轮齿弯曲强度会有所提高,但齿轮啮合的重合度下降,啮合角大于齿轮压力角
	负传动及其特点	总变位系数小于0。齿面和轮齿强度有所下降,重合度将提高,啮合角小于齿轮压力角
	高度变位传动及其特点	总变位系数等于0。一般小齿轮正变位,大齿轮负变位,两者变位系数绝对值相等。高度变位时啮合角等于齿轮压力角,可以改善小齿轮齿面和轮齿强度,均衡大小齿轮滑动率
20	斜齿圆柱齿轮正确啮合的条件	两齿轮的法向模数和法向压力角分别相等,同时两齿轮的螺旋角也要相等,螺旋线方向相反(外啮合)或相同(内啮合),即 $m_{n1}=m_{n2}=m$, $\alpha_{n1}=\alpha_{n2}=\alpha$, $\beta_1=\mp\beta_2$
21	斜齿圆柱齿轮的当量齿轮/当量齿数	对于斜齿轮,过轮齿的节点 C 作分度圆柱螺旋线的法平面,其与分度圆柱面的交线是一个椭圆,以此椭圆的最大曲率半径作为某个假想直齿轮的分度圆半径,并以斜齿轮的法向模数和法向压力角作为上述假想直齿轮的模数和压力角,此假想直齿轮称为上述斜齿轮的当量齿轮。当量齿轮的齿形与斜齿轮的齿形非常接近,其齿数即当量齿数: $z_v=z/\cos^3\beta$
22	斜齿圆柱齿轮不发生根切的最少齿数	斜齿轮不发生根切的条件是,当量齿轮的齿数大于等于17,即 $z_v=z/\cos^3\beta\geq 17$,因此, $z\geq 17\cos^3\beta$。可见,斜齿轮不发生根切的最少齿数比直齿轮小
23	斜齿轮传动的重合度	斜齿轮传动的重合度等于轴面重合度 ε_β 加上端面重合度 ε_α: 其中, $\varepsilon_\beta=B\tan\beta_b/p_{bt}$; $\varepsilon_\alpha=[z_1(\tan\alpha_{at1}-\tan\alpha'_t)+z_2(\tan\alpha_{at2}-\tan\alpha'_t)]/(2\pi)$
24	直齿圆锥齿轮正确啮合的条件	大端的模数相等 $m_1=m_2$,大端的压力角相等 $\alpha_1=\alpha_2$,且两齿轮的锥距相等 $R_1=R_2$
25	直齿圆锥齿轮的背锥/当量齿数	过圆锥齿轮大端节点 P 作分度圆锥母线 OP 的垂线,交齿轮轴线于 O_1 点,以 O_1 为锥顶点, O_1P 为母线所作的圆锥称为原锥齿轮的背锥。背锥与原锥齿轮大端相切。将背锥展开,得到一扇形齿轮,将该扇形齿轮的缺口补满是一圆柱齿轮,该齿轮就是原锥齿轮的当量齿轮
26	直齿圆锥齿轮的当量齿数/不发生根切的最少齿数	直齿圆锥齿轮的当量齿数为 $z_v=z/\cos\delta$, δ 为锥齿轮的分度圆锥角。 直齿圆锥齿轮不发生根切的最少齿数是 $17\cos\delta$,取决于分度圆锥角 δ
27	蜗杆蜗轮啮合的中间平面/正确啮合条件	过蜗杆轴线作一个垂直于蜗轮轴线的平面,该平面称为蜗杆蜗轮传动的中间平面。蜗杆蜗轮传动的正确啮合条件是:在中间平面内它们的模数和压力角分别相等,即蜗杆的轴面模数 m_{x1} 和压力角 α_{x1} 分别等于蜗轮的端面模数 m_{t2} 和压力角 α_{t2},均取标准值。也即 $m_{x1}=m_{t2}=m$, $\alpha_{x1}=\alpha_{t2}=\alpha$,且两者的螺旋线方向相同

(续表)

序号	概念	定义
28	蜗杆的导程角 γ	分度圆柱上蜗杆的螺旋线与其端面之间的夹角。蜗杆的导程角 γ 与其螺旋角 β 互为余角
29	蜗杆直径系数 q	加工蜗轮时,滚刀直径等参数与蜗杆分度圆直径等参数相同,为了限制滚刀的数量,国家标准规定分度圆直径只能取标准值,并与模数相配,即 $d=mq$,其中,q 称为蜗杆的直径系数
30	蜗杆头数	蜗杆的头数一般有 1、2、4 和 6,要求自锁时,取小值(1 或 2);当要求传动效率或速度较高时,取大值

 7.3 本章容易混淆的概念

(1)分度圆与节圆

分度圆是人为规定的一个圆,其直径等于模数乘以齿数,即当齿轮的模数和齿数确定后,其分度圆大小也就确定,不会因为齿轮的安装状况发生变化而改变。而节圆是一对齿轮啮合后,以其连心线与基圆内公切线的交点(节点)到转动中心的距离(节圆半径)为半径,以两个齿轮的转动中心为圆心所画的圆。节圆的大小由一对齿轮的实际安装情况而定,一对标准齿轮当实际安装中心距等于标准中心距时,节圆与分度圆重合,而当实际安装中心距大于标准中心距时,节圆将大于分度圆。

(2)齿轮的压力角与啮合角

齿轮的压力角是齿轮绕其圆心转动时,齿廓在分度圆处的法线与该点速度方向之间的夹角。啮合角是指一对齿轮工作时,其啮合线(基圆内公切线)与节圆公切线之间的夹角,也就是这对齿轮实际工作时的压力角,英文叫作 working pressure angle。当标准齿轮正确安装时,压力角与啮合角相等。

(3)渐开线上各点的半径与该点曲率半径

渐开线上各点的半径是指该点到齿轮基圆中心的距离。例如渐开线在分度圆上点的半径就是齿轮的分度圆半径 $r=mz/2$;而渐开线上某点的曲率半径则是指过该点的法线在渐开线与基圆之间的长度 $\rho_k = r \cdot \sin\alpha_k = \dfrac{mz}{2}\sin\alpha$。$\alpha_K$ 是该点的压力角。

(4)重合度数字的含义

齿轮传动的重合度是指齿轮传动过程中,同时参与啮合的轮齿对数的平均值。例如 $\varepsilon_\alpha = 1.42$ 表示平均总是有 1.42 对轮齿参与啮合,啮合线长度 $\overline{B_2B_1} = \varepsilon_\alpha \times p_b = 1.42 p_b$,其中单齿啮合区长度 $= (2-\varepsilon_\alpha)p_b$,双齿啮合区长度 $= 2(\varepsilon_\alpha - 1)p_b$。

7.4 本章例题

【例题 1】 如图 7-1 所示,在半径 $r_b = 50$ mm 的基圆上有 2 条渐开线 AB 和 CD,渐开线 CD 上 K 点处的向径 $r_K = 60$ mm,法线 NK 在两条渐开线间的距离 $KK' = 20$ mm,试求:

(1)点 K' 的向径 $r_{K'}$ 和此处的压力角 $\alpha_{K'}$。

(2)以 O 为圆心,$r_{K'}$ 为半径画圆弧,在两渐开线间弧长 $\overset{\frown}{K'K''}$ 是多少?

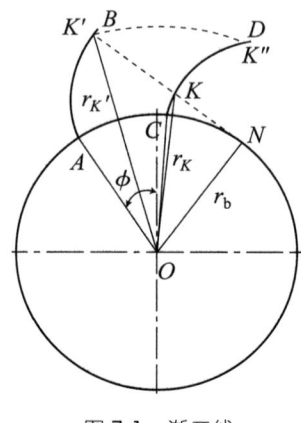

图 7-1 渐开线

【解】

(1)求 $r_{K'}$ 和 $\alpha_{K'}$:如图 7-1 所示,在直角三角形 ONK 中,有

$$KN = \sqrt{r_K^2 - r_b^2} = \sqrt{60^2 - 50^2} = 33.17 (\text{mm})$$

因此,在直角三角形 ONK' 中,有

$$r_{K'} = \sqrt{(NK')^2 + r_b^2} = \sqrt{(NK + KK')^2 + r_b^2} = \sqrt{(33.17 + 20)^2 + 50^2} = 72.99 (\text{mm})$$

$$\alpha_{K'} = \arctan\left(\frac{NK'}{r_b}\right) = \arctan\left(\frac{53.17}{50}\right) = 29.196°$$

(2)求 $\overset{\frown}{K'K''}$:因为 K' 和 K'' 在同一圆周上,因此渐开线 AK' 和 CK'' 的长度相等,它们对应基圆上被滚过的弧长也应相等,展角(所对应的圆心角)也相等,即

$\angle AOK' = \angle COK''$

因此,$\angle AOK' + \angle K'OC = \angle COK'' + \angle K'OC$

即 $\angle AOC = \angle K'OK''$

而 $\angle AOC = \frac{AC}{r_b} = \frac{KK'}{r_b} = \frac{20}{50} = 0.4 (\text{rad}) = 22.92°$

因此,$\overset{\frown}{K'K''} = r_{K'} \times \angle K'OK'' = 72.99 \times 0.4 = 29.196 \text{mm}$

【例题 2】 设计一对外啮合渐开线直齿圆柱齿轮,已知 $z_1 = 18, z_2 = 37, m = 5$ mm,$\alpha = 20°$,$h_a^* = 1, c^* = 0.25$。试求:

(1)两齿轮的几何尺寸及中心距;

(2)两齿轮啮合传动时的重合度 ε_α,啮合线 B_1B_2 的长度,并选择恰当的比例尺画图表示两齿轮的起始啮合点、终止啮合点及啮合角;

(3)若两齿轮的实际安装中心距比标准中心距增加了 2 mm,它们的啮合角是多少?

【解】

(1)齿轮的几何尺寸

$d_1 = mz_1 = 5 \times 18 = 90$ (mm), $d_2 = mz_2 = 5 \times 37 = 185$ (mm)

$d_{a1} = mz_1 + 2h_a^* m = 5 \times 18 + 2 \times 1 \times 5 = 100$ (mm)

$d_{a2} = mz_2 + 2h_a^* m = 5 \times 37 + 2 \times 1 \times 5 = 195$ (mm)

$d_{f1} = mz_1 - 2(h_a^* + c^*)m = 5 \times 18 - 2 \times 1.25 \times 5 = 77.5$ (mm)

$d_{f2} = mz_2 - 2(h_a^* + c^*)m = 5 \times 37 - 2 \times 1.25 \times 5 = 172.5$ (mm)

$d_{b1} = d_1 \cos\alpha = 90 \times \cos 20° = 84.57$ (mm)

$d_{b2} = d_2 \cos\alpha = 185 \times \cos 20° = 173.84$ (mm)

$s_1 = E_1 = s_2 = E_2 = \dfrac{\pi m}{2} = \dfrac{\pi \times 5}{2} = 7.85$ (mm)

中心距:$a = \dfrac{(d_1 + d_2)}{2} = \dfrac{(90 + 185)}{2} = 137.5$ (mm)

(2)重合度计算

齿顶圆压力角:

$\alpha_{a1} = \arccos\left(\dfrac{r_{b1}}{r_{a1}}\right) = \arccos\left(\dfrac{d_{b1}}{d_{a1}}\right) = \arccos\left(\dfrac{84.57}{100}\right) = 32.25°$

$\alpha_{a2} = \arccos\left(\dfrac{r_{b2}}{r_{a2}}\right) = \arccos\left(\dfrac{d_{b2}}{d_{a2}}\right) = \arccos\left(\dfrac{173.84}{195}\right) = 26.94°$

故 $\varepsilon_\alpha = \dfrac{1}{2\pi}[z_1(\tan\alpha_{a1} - \tan\alpha') + z_2(\tan\alpha_{a2} - \tan\alpha')]$

$= \dfrac{1}{2\pi}[18 \times \tan 32.25° - \tan 20°) + 37 \times (\tan 26.94° - \tan 20°)] = 1.61$

法向齿距:$p_n = p_b = p\cos\alpha = \pi m \cos\alpha = \pi \times 5 \times \cos 20° = 14.76$ (mm)

因为,$\varepsilon_\alpha = \dfrac{B_1 B_2}{p_b}$

因此有 $B_1 B_2 = \varepsilon_\alpha \cdot p_b = 1.61 \times 14.76 = 23.76$ (mm)

作图法求解重合度:

如图 7-2 所示,选比例尺 1:2,在图纸上选相距 137.5 mm(中心距)任取两点作为两齿轮的转动中心 O_1 和 O_2,分别以 45 mm、92.5 mm 为半径画两个齿轮的分度圆,分别以 50 mm、97.5 mm 为半径画两个齿轮的齿顶圆,分别以 42.29 mm、86.92 mm 为半径画两齿轮的基圆。再作两基圆的内公切线,分别交大小基圆于 N_2、N_1 点,交大小齿轮的齿顶圆于 B_2、B_1 点,交连心线于 P 点。

B_2B_1 是这对齿轮的实际啮合线,由图上量取 B_2B_1 的长度为 23.8 mm,因此齿轮的重合度为:

$$\varepsilon_\alpha = \frac{B_1B_2}{p_b} = \frac{23.8}{14.76} = 1.612$$

P 点是两齿轮啮合时的节点,过 P 点作连心线的垂线,其与 N_1N_2 的夹角就是它们的啮合角,图上量得 $\alpha' = 20°$。

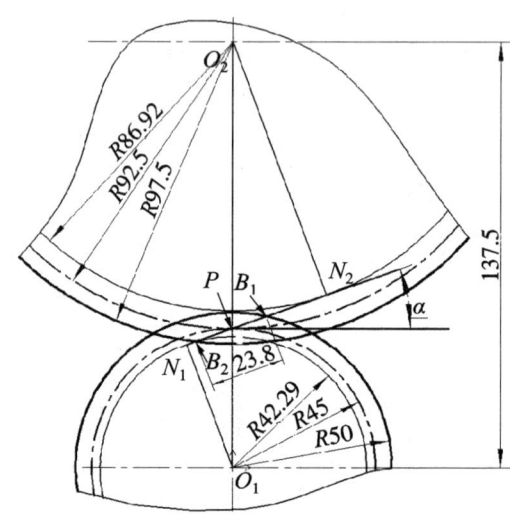

图 7-2 标准中心距的情形

(3)若齿轮实际安装的中心距比标准中心距大 2 mm,则两个分度圆不再相切。采用上述作图方法(见图 7-3),最后量得实际啮合角 $\alpha' = 22.15°$。

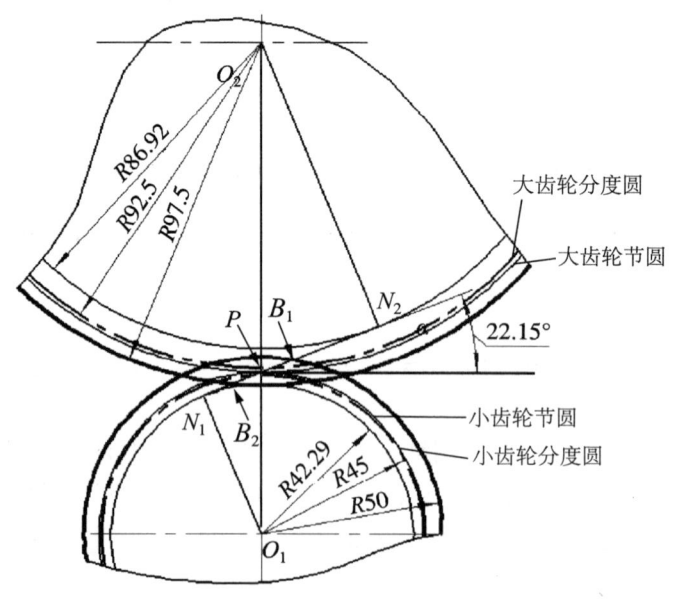

图 7-3 中心距增大 2 mm 的情形

用计算的方法验证如下：

因为，$a\cos\alpha = a'\cos\alpha'$

所以，$\alpha' = \arccos(a\cos\alpha/a') = \arccos(137.5\cos 20°/139.5) = 22.15°$

【例题3】 量得一渐开线直齿圆柱齿轮的基圆上齿距 $p_b = 6.069$ mm，齿顶圆直径 $d_a = 64$ mm，齿根圆直径 $d_f = 55$ mm，齿数 $z = 30$。请确定：

（1）该齿轮的模数、压力角、齿顶高系数 h_a^* 和顶隙系数 c^*；

（2）基圆上的齿厚和顶圆上的齿厚。

【解】

（1）根据已知条件，齿轮的全齿高为 $h = (d_a - d_f)/2 = (64-55)/2 = 4.5$ mm

设齿轮为正常齿制，即 $h_a^* = 1, c^* = 0.25$，则

$m = \dfrac{h}{2h_a^* + c^*} = \dfrac{4.5}{2.25} = 2$ (mm)，符合标准模数

又假设齿轮为短齿制，即 $h_a^* = 0.8, c^* = 0.3$，则

$m = \dfrac{h}{2h_a^* + c^*} = \dfrac{4.5}{1.9} = 2.368$ (mm)，标准模数表中没有此值

因此，该齿轮为正常齿制齿轮，模数 $m = 2$ (mm)，齿顶高系数 $h_a^* = 1$，顶隙系数 $c^* = 0.25$。

由 $p_b = \pi m \times \cos\alpha$，可得齿轮的压力角为

$\alpha = \arccos\left(\dfrac{p_b}{\pi m}\right) = \arccos\left(\dfrac{6.069}{2\pi}\right) = 15°$

（2）任意圆齿厚计算公式

$$s_i = s\dfrac{r_i}{r} - 2r_i(\text{inv}\,\alpha_i - \text{inv}\,\alpha)$$

基圆上，$r_i = r_b$，且 $r = \dfrac{d_a}{2} - h_a^* m = 30$ mm，$s = \dfrac{\pi m}{2} = \pi$，$r_b = r\cos\alpha = 40 \times \cos 15°$，$\alpha_b = 0$，

因此，$s_b = s\dfrac{r_b}{r} - 2r_b(\text{inv}\,\alpha_b - \text{inv}\,\alpha) = \dfrac{\pi m}{2}\cos\alpha - 2\dfrac{mz}{2}\cos\alpha(\text{inv}\,\alpha_b - \text{inv}\,\alpha)$

$= \dfrac{2\pi}{2}\cos 15° + 2 \times 30\cos 15° \text{inv} 15°$

$= \pi\cos 15° + 2 \times 30\cos 15°\left(\tan 15° - \dfrac{15\pi}{180}\right)$

$= 3.391$ (mm)

齿顶圆上，$r_i = r_a$

$r_a = \dfrac{d_a}{2} = 32$ (mm)

$$\alpha_a = \arccos\frac{r_b}{r_a} = \arccos\frac{r\cos\alpha}{32} = \arccos\left(\frac{30\cos 15°}{32}\right) = 25.1°$$

齿顶圆上齿厚为

$$s_a = s\frac{r_a}{r} - 2r_a(\text{inv}\alpha_a - \text{inv}\alpha) = \frac{2\pi}{2}\frac{32}{30} - 2\times 32(\text{inv}25.1 - \text{inv}15) = 1.802 \text{ mm}$$

7.5 本章习题

7.5.1 概念题

(1) 一对齿轮保持瞬时传动比不变的条件是 _____。

(2) 一对渐开线直齿圆柱齿轮,当正确安装时其分度圆和节圆大小 _____（相等、不等）,啮合角和分度圆压力角 _____（相等、不等）。若中心距略有增加,则它们的分度圆大小 _____（不变、变大、变小）,节圆大小 _____（不变、变大、变小）,保持相切并作纯滚动的圆是 _____。

(3) 蜗杆蜗轮传动的中间平面是指 _____。

(4) 一对渐开线斜齿圆柱齿轮,小齿轮的螺旋线方向为右旋,螺旋角 $\beta_1 = 9°11'30''$,法面模数 $m_{n1} = 2$,法面压力角 $\alpha_{n1} = 20°$,则大齿轮的法面模数 $m_{n2} =$ _____,法面压力角 $\alpha_{n2} =$ _____,螺旋角 $\beta_2 =$ _____,螺旋线方向为 _____。

(5) 采用齿条型刀具范成法切制标准齿轮的渐开线齿廓时,发生根切的原因是刀具的齿顶线在啮合极限点之 _____,齿轮发生根切现象的弊端是 _____。若要加工 15 齿的齿轮不发生根切,可采用的措施(不限于标准齿轮和直齿轮)是 _____。

(6) 渐开线斜齿圆柱齿轮的当量齿数 $z_v =$ _____,渐开线斜齿圆柱齿轮不发生根切的条件是 _____。斜齿轮的分度圆直径 $d =$ _____ 面模数乘以齿数。

(7) 一般用于传递垂直相交轴的齿轮形式是 _____,而用于传递垂直交错轴的齿轮形式是 _____。

(8) 一对渐开线直齿圆柱齿轮,重合度为 1.42,这表示啮合点沿公法线方向移动 _____ 距离时,有两对齿啮合;当采用相同齿数的一对斜齿轮啮合,重合度将 _____。重合度 1.1 与重合度 1.5 的两个齿轮机构相比, _____ 传动平稳性好,承载能力大。增加一对齿轮的齿数,将 _____（①减小；②增大）重合度。

(9) 两齿轮的齿廓在 K 点接触,过 K 点作两齿廓的公法线,其与连心线的交点 P 称为 _____,要使两轮的瞬时传动比为常数,必须满足 _____。

(10) 齿轮齿条传动时,啮合角恒等于 _____。

(11) 圆柱外齿轮渐开线齿轮相邻两齿同侧齿廓沿公法线度量的距离与在 _____ 圆上度量的齿距相等。

(12) 增大齿轮传动的重合度对提高齿轮传动的_____有重要意义。

(13) 增大斜齿轮的_____和_____可增大斜齿轮的轴向重合度。

(14) 两轴交错角为90°的蜗杆蜗轮的正确啮合条件是_____。

(15) 一对平行轴外啮合标准渐开线直齿轮传动,当中心距比标准值大时,其啮合角将_____,重合度将_____,传动比_____。

(16) 一对平行轴外啮合斜齿圆柱齿轮(渐开线),能正确啮合的条件是①_____;②_____;③_____。

(17) 渐开线齿轮基圆上的压力角等于_____度,啮合角是齿轮_____圆上的压力角。

(18) 渐开线齿轮传动的可分性是指其_____不受安装中心距偏差影响的特性。

(19) 一对标准渐开线齿轮按照标准中心距安装时,齿侧间隙等于_____。

(20) 直齿圆柱外齿轮渐开线齿廓齿顶圆压力角_____(大于、等于、小于)分度圆压力角。

(21) 在分度圆直径保持不变的条件下,增加齿数、减小模数将使齿轮传动的重合度_____。

(22) 一对齿轮正传动时的无侧隙啮合中心距_____于标准中心距,两齿轮的节圆半径_____于分度圆半径。

(23) 渐开线齿廓的啮合特点是:(1)渐开线齿廓能保证齿轮的传动比_____;(2)渐开线齿廓之间的正压力方向_____;(3)渐开线齿廓传动具有_____性。即如果两齿轮实际安装中心距与设计中心距略有差异也不会影响两轮的传动比。

(24) 增大齿轮传动的重合度能保证齿轮连续传动,提高传动平稳性和承载能力。在啮合角、齿顶高系数一定的条件下,重合度随_____的增大而增大。

(25) 渐开线标准齿轮是指分度圆上的齿厚_____齿槽宽,且模数、齿顶高系数、顶隙系数和_____均为标准值的齿轮。

(26) 渐开线齿轮可以保证在中心距安装有误差时,不改变_____(①啮合角;②传动比)的大小。

(27) 蜗杆蜗轮啮合时,标准模数为_____。
(A) 蜗杆在轴面,蜗轮在法面
(B) 蜗杆在法面,蜗轮在端面
(C) 蜗杆在轴面,蜗轮在端面
(D) 蜗杆在法面,蜗轮也在法面

(28) 一对渐开线圆柱齿轮传动,其_____圆总是相切并作纯滚动,而两轮的中心距不一定等于两轮的_____圆半径之和。
(A) 基圆　　(B) 分度圆　　(C) 节圆

(29) 渐开线齿廓在基圆处的曲率半径等于_____,分度圆处的曲率半径等于_____。
(A) $mz/2$　　(B) $mz\cos\alpha/2$　　(C) 0　　(D) $mz\sin\alpha/2$

(30)欲设计一渐开线齿轮传动,已确定齿数 $z_1=10, z_2=25$,模数 $m=10$ mm,压力角 $\alpha=20°$,齿顶高系数 $h_a^*=1$,中心距 $a=175$ mm,此时应选择_____。

(A)标准齿轮传动   (B)等变位齿轮传动

(C)正传动   (D)负传动

(31)不能用_____式计算圆锥齿轮传动的传动比 i_{12}。

(A) $i_{12}=z_2/z_1$ (B) $i_{12}=d_2/d_1$ (C) $i_{12}=z_{v2}/z_{v1}$ (D) $i_{12}=\cot\delta_1$

(32)圆锥齿轮的齿高沿_____度量。

(A)分度圆的径向 (B)分度圆锥母线 (C)背锥母线 (D)齿轮轴向

(33)蜗杆蜗轮的传动比不能用_____式计算。

(A) $i_{12}=z_2/z_1$ (B) $i_{12}=d_2/d_1$ (C) $i_{12}=d_2/(d_1\tan\gamma_1)$ (D) $i_{12}=d_2/(d_1\tan\beta_2)$

(34)用加工标准齿轮的同一把标准齿条型刀具去加工负变位齿轮,_____。

(A)加工难度增加了   (B) $z<z_{min}$ 时可避免根切

(C)轮齿的齿距变小了   (D)轮齿的齿厚变薄了

(35)一个标准内齿轮的几何尺寸应该是_____。

(A)齿顶圆>齿根圆,齿根圆>基圆   (B)齿根圆>齿顶圆,齿根圆<基圆

(C)齿根圆<齿顶圆,基圆<齿根圆   (D)齿顶圆<齿根圆,基圆>齿根圆

(36)一对圆锥齿轮传动的传动比计算公式:$i=d_2/d_1, i=z_2/z_1, i=\sin\delta_2/\sin\delta_1, i=\cos\delta_1$。正确的公式有_____。

(A)1个   (B)2个   (C)3个   (D)4个

(37)一对标准圆柱直齿轮传动,由于安装不准确,使中心距加大,将引起_____。

(A)啮合角加大,重合度加大   (B)啮合角加大,重合度减小

(C)啮合角减小,重合度加大   (C)啮合角减小,重合度减小

(38)有一对满足正确啮合角条件的渐开线齿轮,其齿数为 $z_1=21, z_2=42$,它们的齿形曲线是_____。

(A)相同的   (B)不相同的   (C)分度圆附近是相同的

7.5.2 综合题

(1)求渐开线上压力角 $\alpha_1=15°$,$\alpha_2=20°$,$\alpha_3=22.5°$,$\alpha_4=45°$ 诸点的展角 θ 值。

(2)已知一对正确安装的外啮合标准直齿圆柱齿轮传动,齿数 $z_1=19, z_2=42$,模数 $m=5$ mm,分度圆压力角 $\alpha=20°$,齿顶高系数 $h_a^*=1$。试求:

①中心距 a、两轮的基圆直径 d_{b1}、d_{b2},节圆直径 d_1'、d_2',齿顶圆直径 d_{a1}、d_{a2};

②作图表示节点 P、理论啮合线 N_1N_2、实际啮合线 B_1B_2 以及对应于 B_1 点的齿顶圆压力角 α_{a1} 和对应于 P 点的节圆压力角 α'。

(3)有一标准斜齿圆柱齿轮机构,要求模数 $m_n=4$ mm,中心距 $a=120$ mm,传动比 $i_{12}=2$,螺旋角 β 不大于 $20°$。试设计这对斜齿轮的齿数 z_1、z_2 和螺旋角 β。

（4）有一标准斜齿轮机构，已知 $m_n = 4$ mm，$z_1 = 39$，$z_2 = 109$，选定中心距 $a = 300$ mm，试求螺旋角 β。

（5）如图 7-4 所示一对渐开线齿廓 G_1、G_2 啮合于 K 点，试在图上作出：
① 齿轮 1 为主动轮时，两齿轮的转动方向；
② 节点 P、两节圆 r_1'、r_2'；
③ 图上量取啮合角 α'，判断这对齿轮是否按标准中心距安装；
④ G_1、G_2 的啮合极限点 N_1 和 N_2、实际起始啮合点 B_2 和终止啮合点 B_1；
⑤ G_2 齿廓上齿顶圆压力角 α_{a2} 和曲率半径 ρ_{a2}；
⑥ 若已知 $z_1 = 23$，$z_2 = 56$，$\alpha = 20°$，$m = 5$ mm，$h_a^* = 1$，$c^* = 0.25$，求齿顶圆压力角 α_{a2}、曲率半径 ρ_{a2}。

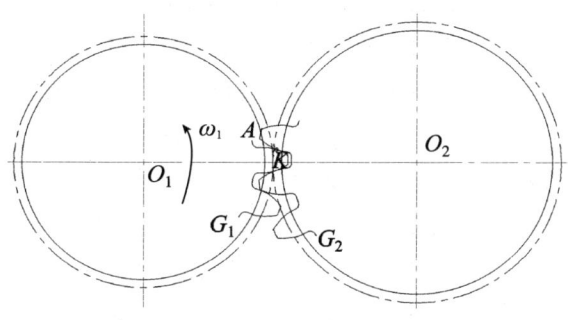

图 7-4 一对渐开线齿轮

（6）有一对标准斜齿圆柱齿轮，已知 $z_1 = 12$，$z_2 = 24$，$m_n = 5$ mm。要求齿轮 1 没有根切，试求其最小螺旋角 β，两齿轮的中心距 a。

（7）已知一对外啮合标准直齿圆柱齿轮，模数 $m = 4$ mm，齿顶高系数 $h_a^* = 1.5$，齿数 $z_1 = 36$，$z_2 = 60$，安装中心距比标准中心距大 1 mm，求：
① 啮合角 α'；
② 两轮的节圆半径 r_1'、r_2' 和节圆压力角 α_1'、α_2'；
③ 两轮的齿顶圆半径 r_{a1}、r_{a2}。

（8）一对外啮合标准直齿圆柱齿轮传动，$z_1 = 18$，$z_2 = 24$，$m = 8$ mm，$\alpha = 20°$，$h_a^* = 1$，$c^* = 0.25$。试求：
① 两个齿轮的分度圆直径、齿顶圆直径、齿根圆直径的大小；
② 标准（正确）安装时的中心距 a、啮合角 α'、节圆半径 r_1' 和 r_2'；
③ 当实际中心距比标准安装大 2 mm 时的中心距、啮合角和节圆半径。

（9）如图 7-5 所示，已知产生渐开线的基圆半径 $r_b = 60$ mm，在半径 r_K 处，渐开线上 K 点的压力角 $\alpha_K = 20°$（A 点是渐开线在基圆上的起始点）。求：r_K 对应的渐开线展角 θ_K，AB 弧长的大小，渐开线在 K 点的曲率半径 ρ_K。

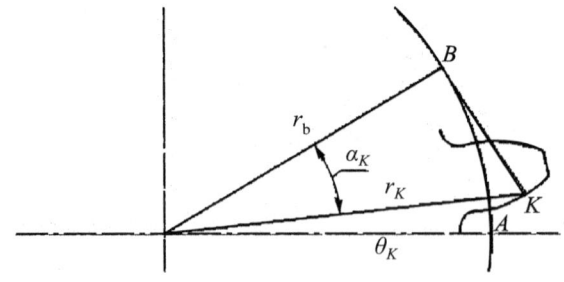

图 7-5 基圆及渐开线

(10) 已知一对标准渐开线直齿圆柱齿轮,正常齿制,压力角 $\alpha=20°$,模数 $m=4$ mm,齿数 $z_1=19$、$z_2=50$,齿轮 1 为主动,小齿轮转向为逆时针。

① 求两个齿轮的基圆半径、齿顶圆半径和标准中心距;

② 选定适当的长度比例,作图画出齿轮 2 的回转中心以及两个齿轮的基圆和齿顶圆;

③ 画出理论啮合线 N_1N_2 以及起始啮合点 B_2 和终止啮合点 B_1;

④ 根据图上量取的 B_1B_2 尺寸计算这对齿轮的重合度,并与计算得到的重合度进行比较;

⑤ 若安装这对齿轮的机架轴距加工存在误差,实际中心距较计算值增加 4 mm,为了弥补这一现象,现拟改为斜齿轮传动。请问,在保持传动比和齿轮模数不变的情况下,斜齿轮的螺旋角应是多少?

(11) 一对渐开线直齿圆柱齿轮,已知模数 $m=4$ mm,齿数 $z_1=35$,$z_2=80$,压力角 $\alpha=20°$,齿顶高系数 $h_a^*=1$,顶隙系数 $c^*=0.25$,求:

① 节圆半径 r'_1、r'_2,基圆半径 r_{b1}、r_{b2},基圆齿距 p_{b1}、p_{b2};

② 理论啮合线长度和实际啮合线长度,并画图表示。

(12) 一对标准直齿圆柱齿轮,已知小齿轮的齿数为 19,分度圆直径为 28.5 mm,两齿轮的传动比 $i_{12}=3$。

① 计算大齿轮的齿数 z_2,这对齿轮的中心距 a;

② 若实际安装的中心距比标准中心距大 2 mm,请计算这对齿轮的啮合角 α',以及大小齿轮的节圆半径;

③ 按 1∶1 作图,画出这对齿轮标准安装时分度圆的位置关系,以及中心距变大 2 mm 后两齿轮分度圆的位置关系。

(13) 某传动装置中的一对正常齿制标准渐开线直齿圆柱齿轮,模数 $m=5$ mm,压力角 $\alpha=20°$,传动比 $i_{12}=7$,中心距 $a=300$ mm。

① 计算两齿轮的齿数 z_1、z_2;

② 这对齿轮应采用何种类型的齿轮传动较好?为什么?

(14) 在距离 $a=210$ mm 两平行轴之间,安装一对模数 $m=5$ mm、传动比 $i_{12}=2.5$ 的渐开线标准圆柱齿轮。试求两轮的齿数和它们的重合度 ε。

第8章 轮系及其设计

 8.1 本章教学要求

(1) 了解各类轮系的组成、特点和功用；
(2) 熟练掌握各类轮系传动比的计算方法，确定齿轮的转向；
(3) 学会根据工作要求选择轮系的类型。

 8.2 本章基本概念

表 8-1 本章基本概念汇总

序号	概念	定义
1	定轴轮系	在一个轮系中，所有齿轮在运动时，其几何轴线的位置固定不变，该轮系为定轴轮系
2	定轴轮系的传动比	定轴轮系传动比的大小，等于组成轮系的各对啮合齿轮中从动齿轮齿数的连乘积与主动齿轮齿数的连乘积之比，即 $$i_{mn} = \frac{\omega_m}{\omega_n} = \frac{n_m}{n_n} = \pm \frac{\text{从 } m \text{ 到 } n \text{ 的各级啮合中从动轮齿数的连乘积}}{\text{从 } m \text{ 到 } n \text{ 的各级啮合中主动轮齿数的连乘积}}$$
3	周转轮系	轮系中有一个或几个齿轮的轴线绕其他齿轮的固定轴线旋转的轮系
4	周转轮系的传动比	设 m、n 是同一周转轮系中轴线重合的两个太阳轮，H 为转臂，则该周转轮系的转化轮系传动比为 $$i_{mn}^H = \frac{n_m - n_H}{n_n - n_H} = \pm \frac{\text{从 } m \text{ 到 } n \text{ 的各级啮合中从动轮齿数连乘积}}{\text{从 } m \text{ 到 } n \text{ 的各级啮合中主动轮齿数连乘积}}$$
5	周转轮系的基本构件	周转轮系中，太阳轮、转臂的轴线一定相互重合，它们称为周转轮系的基本构件
6	惰轮/过轮	位于两个不互相接触的传动齿轮中间且同时与这两个齿轮啮合，用来改变被动齿轮的转动方向，使之与主动齿轮转向相同，但不改变传动比，这个齿轮叫作惰轮(或过轮)
7	行星轮系	当周转轮系中一个太阳轮固定不动，此时轮系的自由度 $F=1$，称为行星轮系
8	差动轮系	自由度 $F=2$ 的周转轮系称为差动轮系

8.3 本章难点

(1) 定轴轮系首末两轮转向关系的确定

计算定轴轮系传动比时容易出错和被忽略的地方主要是主、从动轮转动方向的确定。定轴轮系中,主、从动轮的转向关系确定分下列三种情况:

① 轮系中所有齿轮的轴线都相互平行。此时所有齿轮的运动平面相互平行,可以用符号表示其转向相同还是相反,因此首末两轮的转向可以用 $(-1)^m$ 表示,其中,m 为首末两轮间齿轮的外啮合次数,因为外啮合是改变转动方向的,而内啮合不会。

② 轮系中首、末两轮的轴线平行,其他齿轮的轴线不一定平行。因为中间啮合齿轮的轴线不一定平行,不能用符号表示它们的转向关系,因此只能通过在图上画箭头的方法确定转向。但因为首末两轮轴线相互平行,因此总的传动比数值前可以用符号表示首末两轮的转向关系。

③ 轮系中首、末两轮的轴线不平行。此时只能采用在图上画箭头的方法确定首末两轮的转向关系。

(2) 周转轮系的传动比

计算周转轮系的传动比时,将转化轮系按照定轴轮系进行计算:

$$i_{mn}^H = \frac{n_m^H}{n_n^H} = \frac{n_m - n_H}{n_n - n_H} = \pm \frac{\text{从 } m \text{ 到 } n \text{ 的各级啮合中从动轮齿数连乘积}}{\text{从 } m \text{ 到 } n \text{ 的各级啮合中主动轮齿数连乘积}} \tag{8-1}$$

值得注意的是:式(8-1)中转速 n_m^H 与 n_m 的含义是不一样的,n_m 是齿轮 m 的绝对转速,在计算时要把代表转向的符号带进去;而 n_m^H 是转化轮系中齿轮 n 的转速,是在其绝对转速的基础上减去转臂的转速 n_H 而得到的。式(8-1)中的"±"号取决于转化定轴轮系中齿轮 m 和齿轮 n 的转向关系,而不是绝对转速的方向,因此,该值的符号并不真正表示齿轮 m 和齿轮 n 是同向转动还是反向转动。

(3) 复合轮系的传动比

计算复合轮系传动比的关键是将其中的周转轮系和定轴轮系区分开来。

首先是确定行星齿轮及转臂。转动轴线位置不固定,而是绕其他齿轮的固定轴线转动的齿轮是行星齿轮,支持行星齿轮的构件就是转臂。其次是确定太阳轮,与行星齿轮啮合且轴线与转臂重合的齿轮是太阳轮。每个周转轮系只有一个转臂,而行星轮和太阳轮可以有若干个。同一转臂上的行星轮及与这些行星轮啮合的、转动轴线与转臂轴线重合的太阳轮都属于同一个周转轮系。如图8-1所示的几个轮系都是一个周转轮系。

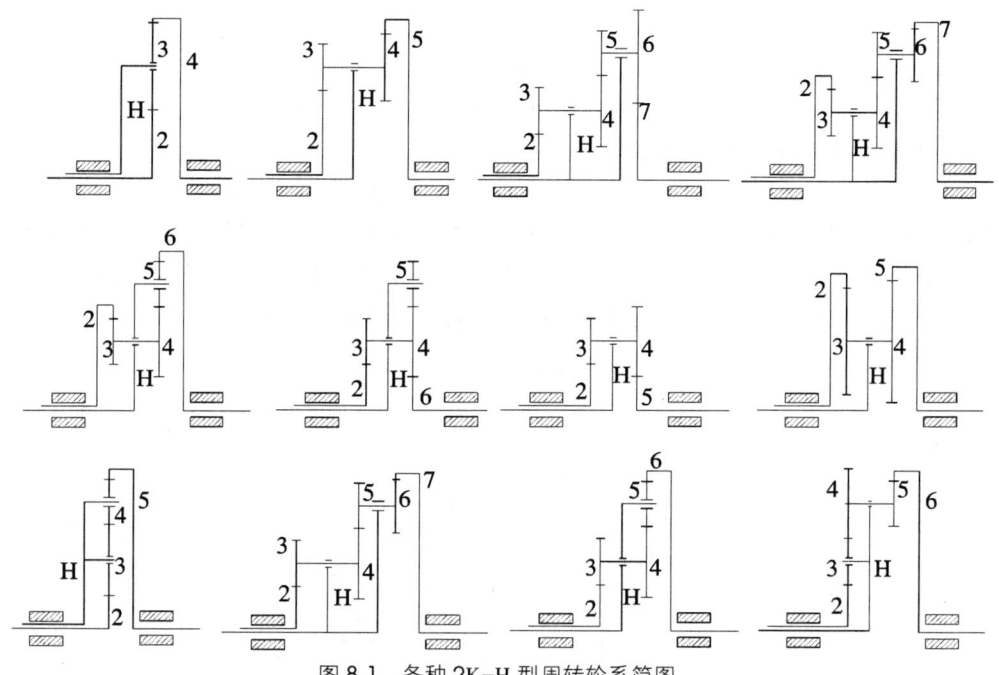

图 8-1 各种 2K-H 型周转轮系简图

8.4 本章例题

【例题 1】 图 8-2 所示轮系中,已知各轮的齿数为 $z_1 = z_4 = 80$,$z_3 = z_6 = 20$,齿轮 1 的转速 $n_1 = 70$ r/min,方向如图所示。请问,齿轮 6 的转速大小和方向如何?

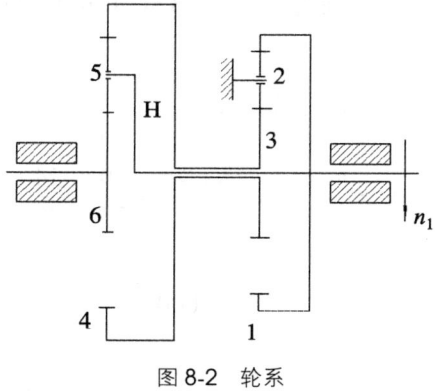

图 8-2 轮系

【解】

齿轮 4、5、6 和构件 H 构成周转轮系,根据周转轮系传动比公式有:

$$i_{64}^H = \frac{n_6 - n_H}{n_4 - n_H} = -\frac{z_5}{z_6}\frac{z_4}{z_5} = -\frac{80}{20} = -4 \tag{8-2}$$

齿轮 3、2、1 构成定轴轮系,有:

$$i_{31} = \frac{n_3}{n_1} = -\frac{z_2}{z_3}\frac{z_1}{z_2} = -\frac{80}{20} = -4 \tag{8-3}$$

第 8 章 轮系及其设计

又因为
$$n_H = n_1 \tag{8-4}$$
$$n_4 = n_3 \tag{8-5}$$

因此,联立上述 4 个方程并求解得:

$n_6 = 21n_1 = 21 \times 70 = 1\,470$ r/min,方向与齿轮 1 相同。

【例题 2】 图 8-3 所示自行车里程表机构中,C 为车轮轴。已知各轮的齿数为 $z_1 = 17$,$z_3 = 23$,$z_4 = 19$,$z_{4'} = 20$,$z_5 = 24$。设轮胎受压变形后使 28 英寸(0.711 m)车轮的有效直径变为 0.7 m。当车行 1 000 m 时,表上指针刚好回转一周。试求齿轮 2 的齿数。

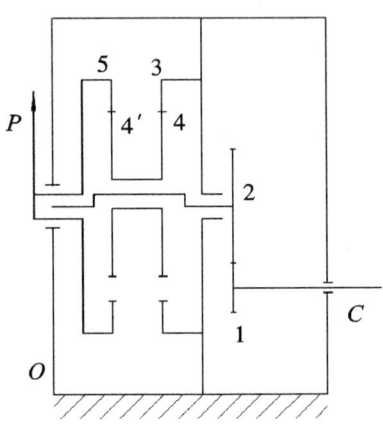

图 8-3 自行车里程表机构

【解】

机构组成分析:齿轮 1、2 组成定轴轮系,齿轮 3、4、4′和 5 组成周转轮系,转臂与齿轮 2 固结在一起。因此有:

$$i_{12} = \frac{n_1}{n_2} = -\frac{z_2}{z_1} = -\frac{z_2}{17} \tag{8-6}$$

$$i_{35}^2 = \frac{n_3 - n_2}{n_5 - n_2} = \frac{z_4}{z_3}\frac{z_5}{z_{4'}} = \frac{19 \times 24}{23 \times 20} \tag{8-7}$$

又根据题意可知,

$$\frac{n_1}{n_5} = \frac{1\,000}{0.7\pi} \tag{8-8}$$

且 $n_3 = 0$,$n_4 = n_{4'}$

联立上述方程并求解得:

$$z_2 = 67.81 \approx 68$$

即齿轮 2 的齿数为 68。

【例题 3】 图 8-4 所示电动卷扬机减速器,已知各轮的齿数为 $z_1 = 24$,$z_2 = 52$,$z_{2'} = 21$,$z_3 = 97$,$z_{3'} = 18$,$z_4 = 30$,$z_5 = 78$。试求 i_{1H}。

【解】

齿轮 1、2、2′、3 及转臂 H 组成周转轮系,齿轮 3′、4、5 组成定轴轮系,因此有:

$$i_{13}^{H} = \frac{n_1 - n_H}{n_3 - n_H} = -\frac{z_2}{z_1}\frac{z_3}{z_{2'}} = -\frac{52 \times 97}{24 \times 21} \tag{8-9}$$

$$i_{3'5} = \frac{n_{3'}}{n_5} = -\frac{z_5}{z_{3'}} = -\frac{78}{18} \tag{8-10}$$

又因为

$$n_3 = n_{3'} \qquad n_5 = n_H$$

联立上述方程并求解得：

$$i_{1H} = \frac{n_1}{n_H} = 54.38$$

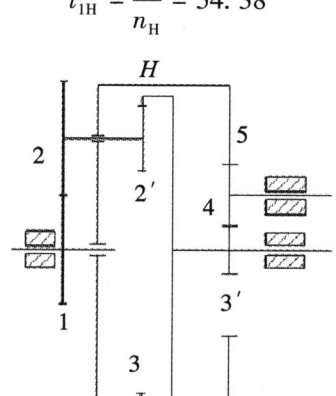

图 8-4 电动卷扬机减速器

【例题 4】 图 8-5 所示轮系，已知各轮的齿数为 $z_1 = 50, z_{1'} = 30, z_{1''} = 60, z_2 = 30, z_{2'} = 20, z_3 = 100, z_4 = 45, z_5 = 60, z_{5'} = 45, z_6 = 20$。试求 i_{63}。

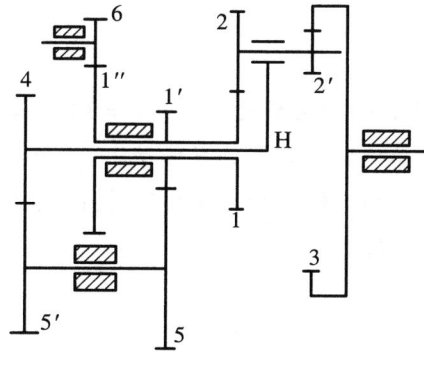

图 8-5 轮系

【解】
齿轮 1、2、2′、3 和 H 组成周转轮系，齿轮 1′、5、5′和 4 组成定轴轮系，齿轮 1″和 6 组成定轴轮系，因此有

$$i_{13}^{H} = \frac{n_1 - n_H}{n_3 - n_H} = -\frac{z_2}{z_1}\frac{z_3}{z_{2'}} = -3 \tag{8-11}$$

$$i_{1'4} = \frac{n_{1'}}{n_4} = \frac{z_5}{z_{1'}} \frac{z_4}{z_{5'}} = 2 \tag{8-12}$$

$$i_{1''6} = \frac{n_{1''}}{n_6} = -\frac{z_6}{z_{1''}} = -\frac{1}{3} \tag{8-13}$$

联立上述三个方程并求解得：

$$i_{63} = -9$$

8.5 本章习题

8.5.1 概念题

（1）差动轮系有_____个自由度，故可用作运动的分解，即把一个主动运动按一定的比例分解为_____个从动运动。也可独立输入_____个主动运动，输出运动为主动运动的合成。

（2）自由度等于1的周转轮系称为_____轮系，自由度等于2的周转轮系称为_____轮系。

（3）周转轮系中的基本构件是指_____和_____，它们的轴线_____，实际应用时作为运动的输入和输出构件。

（4）周转轮系中 i_{AB}^H 表示的是_____，i_{AB} 表示的是_____。行星轮系是自由度等于_____的周转轮系。

（5）惰轮对输出轴的转速大小_____影响，却会改变输出轴的_____。

（6）在周转轮系中，既有公转又有自转的齿轮称为_____，用来支撑这个齿轮的构件称为_____。

8.5.2 综合题

（1）已知图8-6所示轮系中各轮的齿数为 $z_1=2$，$z_2=38$，$z_{2'}=2$，$z_3=60$，$z_{3'}=25$，$z_4=20$，$z_5=50$，轮1的转向如图所示，轮2'为右旋蜗杆。试求传动比 i_{15} 和轮5的转向。

（2）如图8-7所示轮系，若已知齿轮的齿数分别为 z_1、z_2、$z_{2'}$、z_3、$z_{3'}$、z_4，齿轮1的转向如图所示，试求传动比 i_{14} 以及齿轮4的转向。

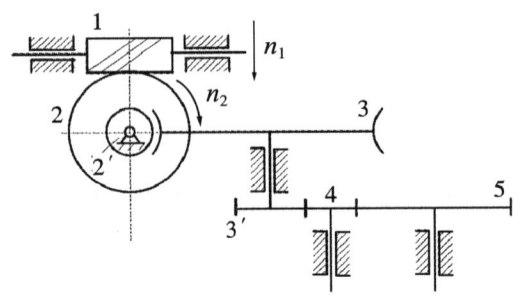

图8-6　定轴轮系

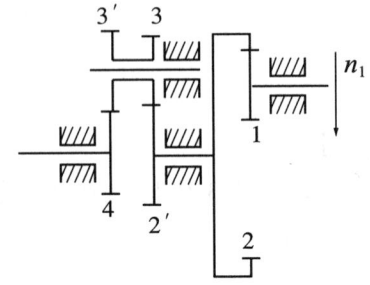

图8-7　定轴轮系

(3) 如图 8-8 所示轮系,已知 $z_1=80,z_2=20,z_3=120,z_4=100,z_6=20,z_{6'}=66,z_7=160$,轴 A 转速为 1 r/min,求轴 B 的转速和转向。

提示:$(i_{64}^{H_1})^{H_2}=\dfrac{n_6^{H_2}-n_{H_1}^{H_2}}{n_4^{H_2}-n_{H_1}^{H_2}}=-\dfrac{z_4}{z_6}$,式中 $n_4^{H_2}=0$

(4) 已知图 8-9 所示轮系中各轮的齿数为 $z_1=99,z_2=100,z_{2'}=101,z_3=100,z_{3'}=18,z_4=36,z_{4'}=14,z_5=28$,H 杆的转速 $n_H=1\,000$ r/min,转向如图所示。试求 n_5 的大小和方向。

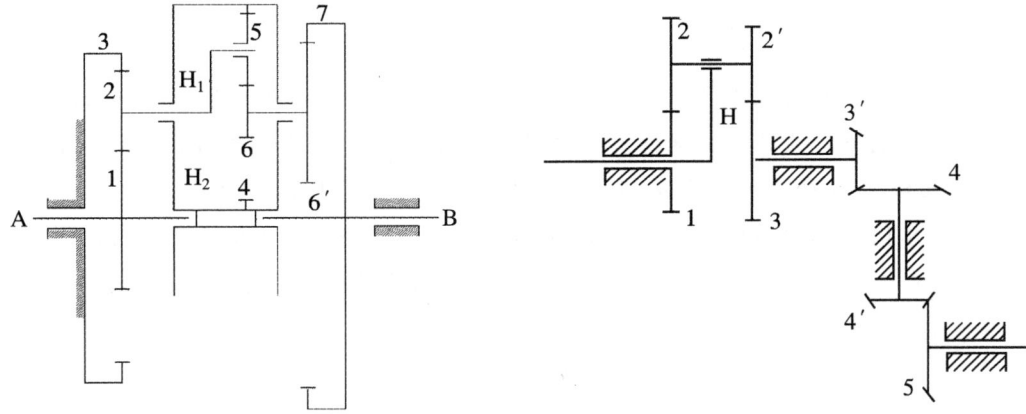

图 8-8 复合轮系   图 8-9 复合轮系

(5) 已知图 8-10 所示轮系中各轮齿数为 $z_1=2,z_{1'}=25,z_2=80,z_{2'}=60,z_3=70,z_4=75,z_{4'}=40,z_5=60,z_{5'}=40,z_6=25,z_7=90$,轮 1 的转向如图所示。试求传动比 i_{17} 和齿轮 3 的转向。

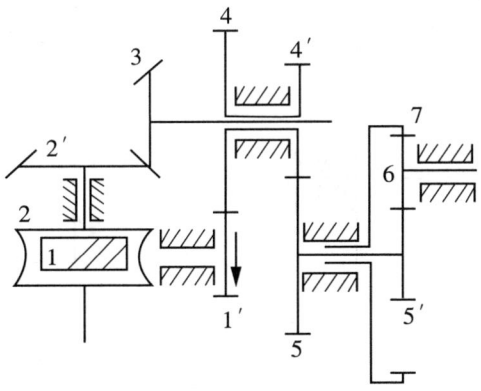

图 8-10 复合轮系

(6) 在图 8-11 所示轮系中,$z_1=z_{2'}=z_{3'}=20,z_2=z_4=40,z_3=30,z_5=2,z_6=50$,若 z_1 的转速 $n_1=1\,000$ r/min(方向如图所示),试求齿轮 6 的转速大小和方向。

(7) 图 8-12 所示机构中,已知各齿轮齿数为 $z_1=z_5=z_6=17,z_2=27,z_{2'}=18,z_3=34,z_4=51$,请计算传动比 i_{16}。

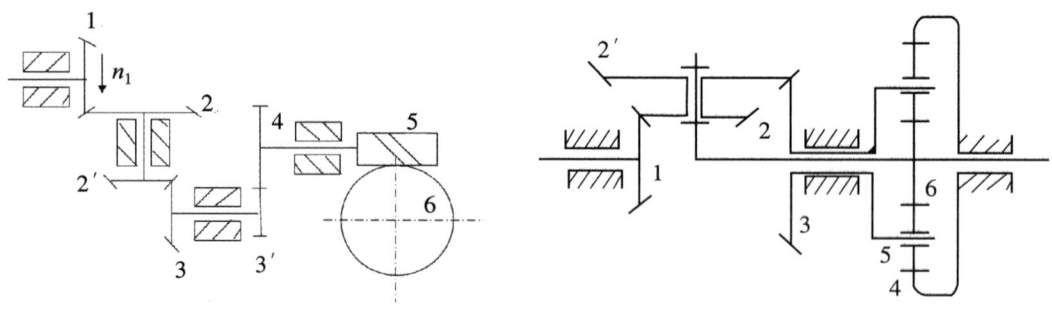

图 8-11 定轴轮系   图 8-12 复合轮系

(8) 如图 8-13 所示传动装置,已知各轮齿数为 $z_1 = 20, z_{1'} = 60, z_2 = 40, z_3 = 30, z_{3'} = 40, z_4 = 44, z_5 = 30, z_{5'} = 20$,6 为右旋 3 头蜗杆,7 为蜗轮,$z_7 = 63$。试问:当轴 A 以 $n_A = 60$ r/min 的转速按图示方向回转时,蜗轮 7 的转速 n_7 为多少?转向如何(在图上标出)?

(9) 如图 8-14 所示机械钟表内的轮系,S、M、H 分别为秒针、分针和时针,现已知部分齿轮的齿数如下:$z_1 = z_3 = 8, z_2 = 60, z_5 = 15, z_7 = 12$,且齿轮 6 和齿轮 7 具有相同的模数。请确定齿轮 4、6、8 的齿数。

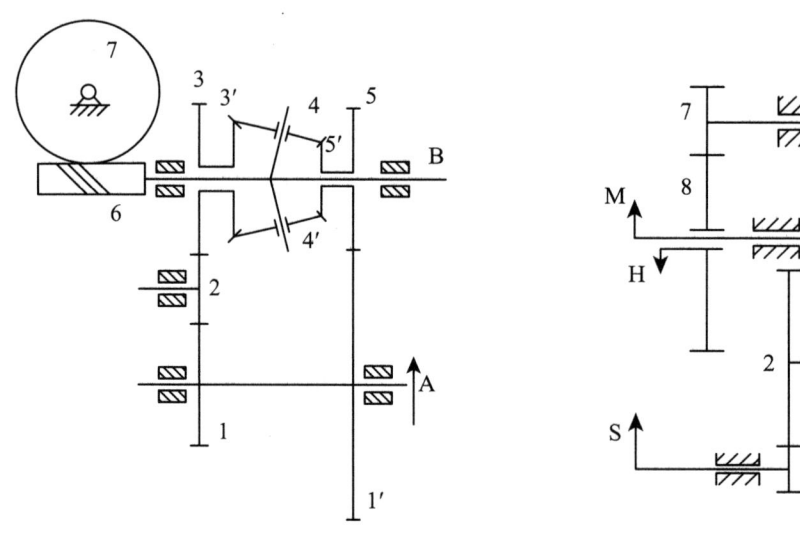

图 8-13 传动装置   图 8-14 机械钟表轮系

(10) 图 8-15 所示为古代记里鼓车的传动原理图,已知锥齿轮 1、2 的直径分别为 1.38 尺和 4.14 尺,其他齿轮的齿数为 $z_{2'} = 3, z_3 = 100, z_{3'} = 10, z_4 = 100$,左右两车轮的直径为 6 尺。请问车轮走多少路程鼓锤敲击一下?

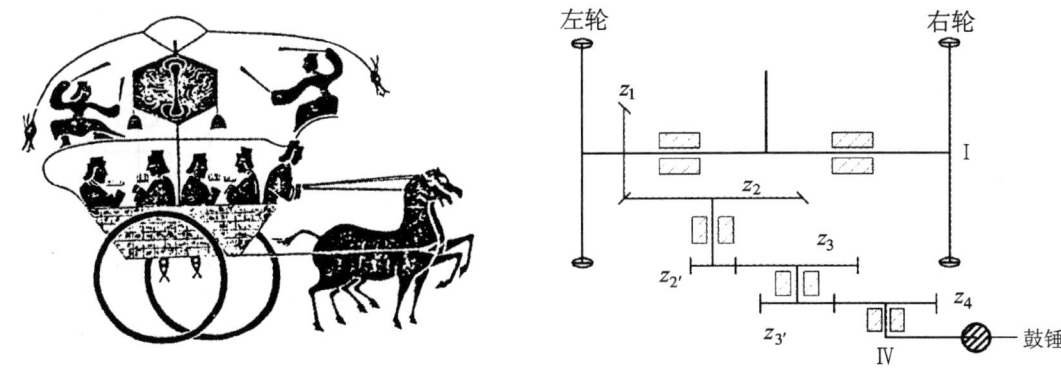

图 8-15　古代记里鼓车传动原理图

（11）如图 8-16 所示复合轮系，已知 1 为单头左旋蜗杆转向如图所示，蜗轮 2 的齿数 $z_2 = 50$，$2'$ 为双头左旋蜗杆，蜗轮 3 的齿数 $z_3 = 60$，其余各齿轮的齿数为 $z_{3'} = z_{4'} = 40$，$z_4 = z_5 = 30$。请指出轮系中定轴轮系、周转轮系分别由哪些构件组成？并计算传动比 i_{1H}；齿轮 1 与转臂 H 的转向是否相同？

（12）如图 8-17 所示定轴轮系，已知 1 为双头左旋蜗杆，转向如图所示，蜗轮 2 的齿数 $z_2 = 50$，$2'$ 为单头右旋蜗杆，蜗轮 3 的齿数 $z_3 = 40$，其余各齿轮的齿数分别为 $z_{3'} = 30$，$z_4 = 20$，$z_{4'} = 26$，$z_5 = 18$，$z_{5'} = 28$，$z_6 = 16$，$z_7 = 18$。请在图中标出齿轮 7 的转向，并计算传动比 i_{17}。

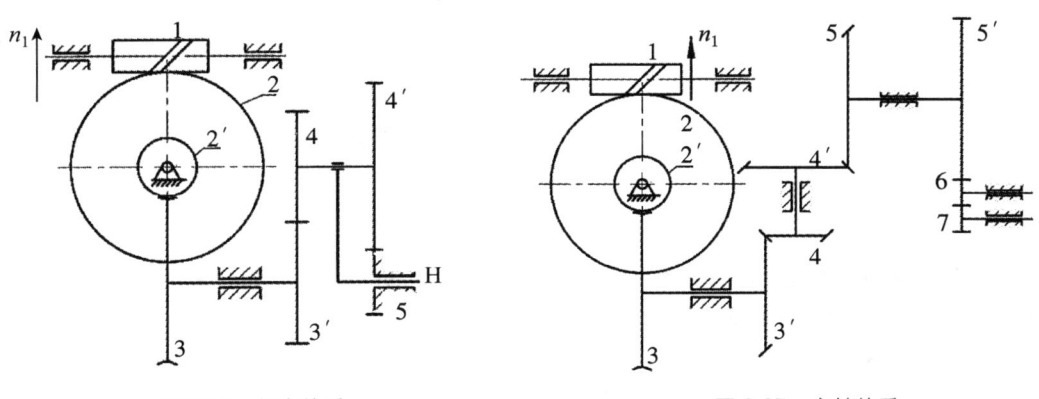

图 8-16　复合轮系　　　　　　　图 8-17　定轴轮系

（13）如图 8-18 所示复合轮系，已知各齿轮的齿数分别为 $z_1 = 18$，$z_2 = 14$，$z_3 = 60$，$z_{3'} = 70$，$z_4 = 28$，$z_5 = 14$，且 $n_1 = 60$ r/min（顺时针），$n_H = 300$ r/min（逆时针）。

①定轴轮系、周转轮系各由哪些构件组成？周转轮系是差动轮系还是行星轮系？

②计算齿轮 3 的转动速度及转动方向（顺时针还是逆时针）。

③确定齿轮 5 的转动速度及转动方向（顺时针还是逆时针）。

（14）如图 8-19 所示复合轮系，已知齿数 $z_1 = 20$，$z_2 = 30$，$z_{2'} = 25$，$z_3 = 30$，$z_{3'} = 20$，$z_4 = 75$，蜗杆 7 为右旋，齿轮 1 转向如图所示。求传动比 i_{1H} 和 H 的转向并画出两圆锥齿轮、蜗杆及蜗轮的转向。

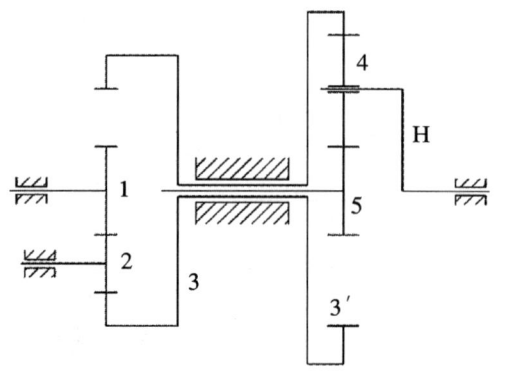

图8-18 复合轮系

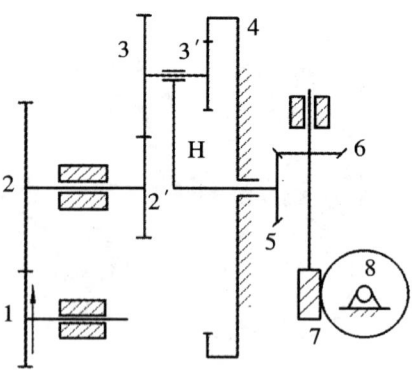

图8-19 复合轮系

(15) 如图8-20所示复合轮系，已知轮1的转向如图所示，齿数 $z_1=16$，$z_2=36$，$z_3=18$，$z_4=36$，$z_5=88$，$z_6=34$，$z_7=20$。求传动比 i_{1H} 的大小与H的转向。

(16) 图8-21所示轮系，已知各轮齿数及蜗杆转向（见图），计算传动比 i_{15}，并在图上标出各轮的转向。

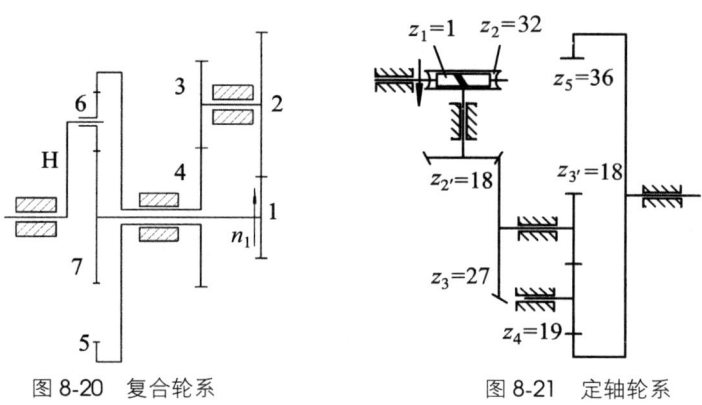

图8-20 复合轮系   图8-21 定轴轮系

(17) 图8-22所示轮系，已知各轮的齿数，输入轴 $n_1=960$ r/min，转向如图所示。求输出轴 n_4 的转速大小，并指出 n_4 的转向（箭头表示）。

(18) 如图8-23所示轮系，已知蜗杆1的转速 $n_1=1\,000$ r/min，转向和旋向如图所示，各轮齿数为 $z_1=2$，$z_2=65$，$z_3=30$，$z_4=50$。求齿轮4的转速 n_4，标出轮2、轮3、轮4的转向。

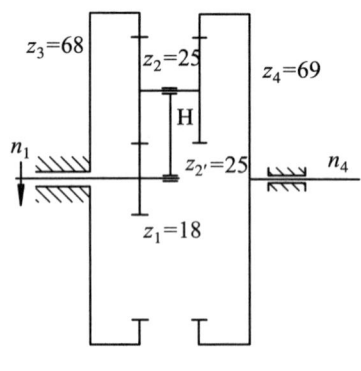

图8-22 周转轮系

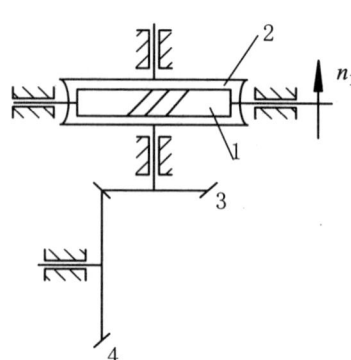

图8-23 定轴轮系

(19) 如图 8-24 所示轮系,已知各轮的齿数为 $z_1=24, z_2=33, z_{2'}=21, z_3=65, z_{3'}=18, z_4=30, z_5=78$。求传动比 i_{15},并说明齿轮 1 与 5 的转向是否相同。

(20) 如图 8-25 所示轮系,已知锥齿轮 1 的转向如图所示,各轮的齿数为 $z_1=50, z_2=35, z_3=50, z_4=2, z_5=50$。求传动比 i_{15},并在图上标出各轮的转向。

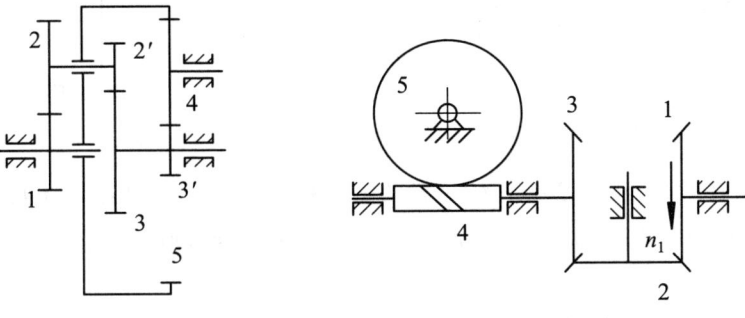

图 8-24 复合轮系　　　　图 8-25 定轴轮系

(21) 已知某周转轮系 $n_1=1\,000$ r/min,转向如图 8-26 所示,各轮的齿数为 $z_1=z_4=30, z_2=z_5=50, z_3=z_6=130$。求 n_{H2} 的大小和转向(用箭头表示)。

(22) 如图 8-27 所示轮系,已知各轮的齿数 $z_1=20, z_2=30, z_{2'}=20, z_3=40, z_4=45, z_{4'}=44, z_5=81, z_6=80$,齿轮 1 的转向如图所示。请计算传动比 i_{13}、i_{56}^H 和 i_{16},并在图中标出齿轮 6 的转向。

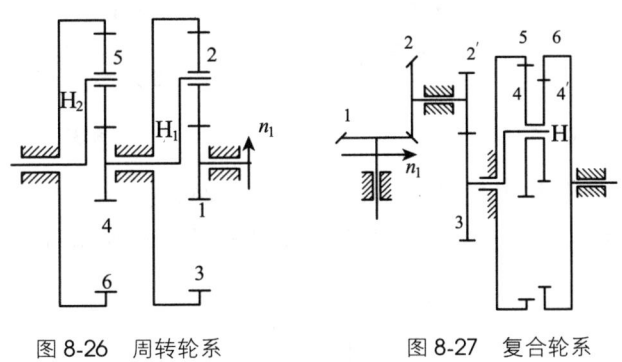

图 8-26 周转轮系　　　　图 8-27 复合轮系

(23) 图 8-28 所示周转轮系中,已知各齿轮齿数 $z_1=30, z_2=20, z_{2'}=z_3=25, n_1=100$ r/min, $n_3=200$ r/min,方向如图所示。求:

① 当 n_1 与 n_3 同向时,n_H 的大小和方向;

② 当 n_1 与 n_3 反向时,n_H 的大小和方向。

(24) 如图 8-29 所示轮系,已知 $z_1=20, z_2=35, z_3=90, z_{3'}=1, z_4=50$,齿轮 1 是输入轮,蜗轮 4 是输出轮。求传动比 i_{14},并根据如图所示 n_4 的转向求齿轮 1 的转向。

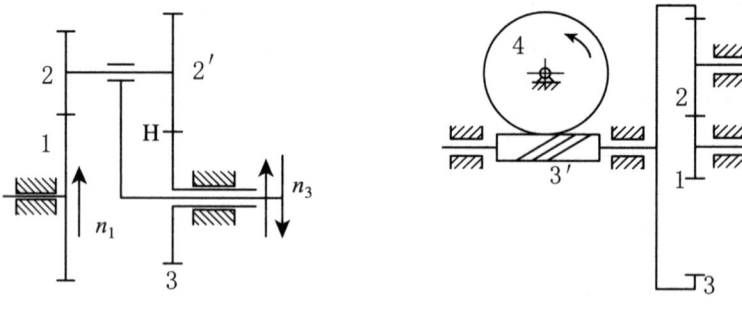

图 8-28　周转轮系　　　　　　图 8-29　定轴轮系

(25) 如图 8-30 所示轮系,已知各轮齿数为 $z_1=32, z_2=34, z_{2'}=36, z_3=64, z_4=32, z_5=17, z_6=24$。若轴 A 与 B 的转向如图所示,且 $n_A=1\ 250$ r/min,$n_B=600$ r/min。求轴 C 的转速 n_C 及其转向。

(26) 如图 8-31 所示轮系,已知 $z_1=2, z_2=38, z_{2'}=z_4=30, z_3=22, n_1=1\ 200$ r/min,转向如图所示。求齿轮 4 的转速 n_4 及其转向。(已知蜗杆为右旋。)

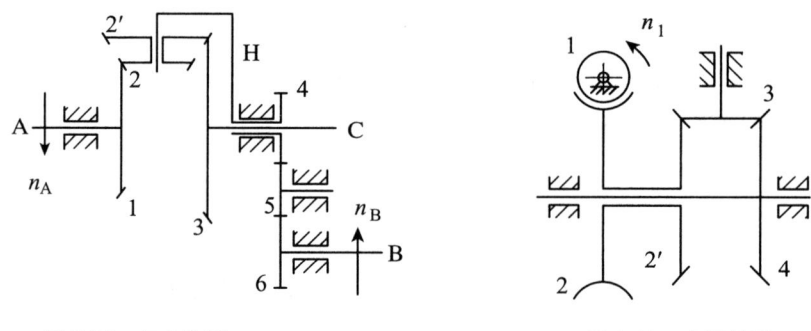

图 8-30　复合轮系　　　　　　图 8-31　定轴轮系

(27) 如图 8-32 所示轮系,已知各轮齿数为 $z_1=z_2=24$,$z_3=72, z_4=89, z_5=100, z_6=24, z_7=30$。试求轴 A 与轴 B 之间的传动比 i_{AB},并分析 A、B 轴转向是否相同。

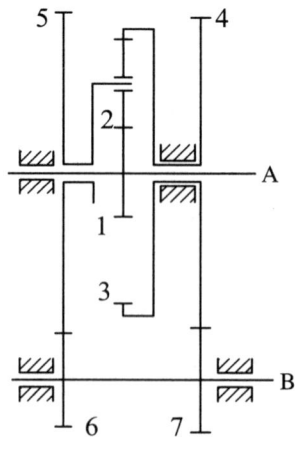

图 8-32　复合轮系

(28) 某一定轴轮系由蜗轮蜗杆、锥齿轮和圆柱齿轮串联而成,结构和参数如图 8-33 所示。求蜗轮蜗杆、锥齿轮和圆柱齿轮的传动比 i_{12}、i_{34}、i_{56} 以及总传动比 i_{16},并在图上标出各齿轮的转向。

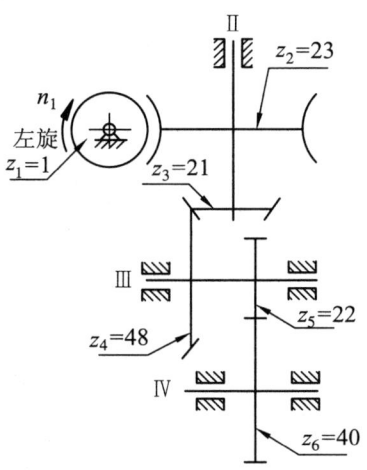

图 8-33 定轴轮系

(29) 请计算图 8-34 所示两个周转轮系的传动比 i_{1H} 和系杆 H 的转速 n_H,并指出其转向。齿轮的齿数见图,主动轮转速 $n_1 = 960$ r/min。

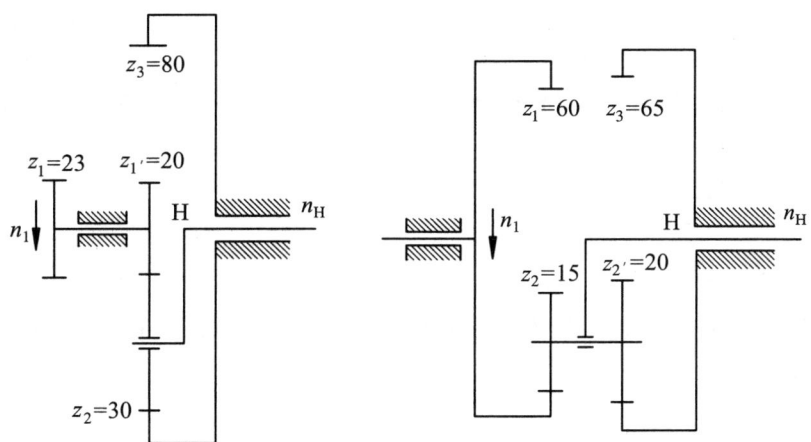

图 8-34 周转轮系

(30) 图 8-35 是半自动穿经机中分纱器的传动机构简图,采用了 3 对蜗杆蜗轮,分别是 2 和 3、5 和 6、7 和 8,最后由齿轮 9 传动齿条 14 移动。求传动比 i_{28} 以及纱筒 4 表面线速度 v_4 与齿条 14 的速度 v_{14} 之比。

(31) 如图 8-36 所示轮系,已知各齿轮齿数为 $z_1=z_2=z_{2'}=24$,$z_3=72$,$z_4=89$,$z_5=95$,$z_6=24$,$z_7=30$。试求传动比 i_{AB}。

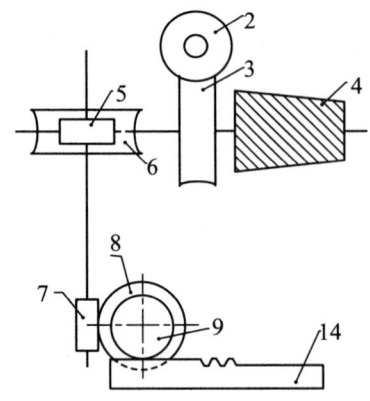
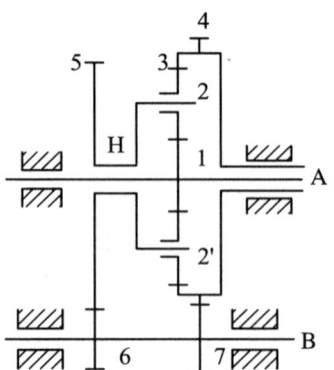

图 8-35　半自动穿经机中分纱器的传动机构　　　　图 8-36　复合轮系

（32）如图 8-37 所示轮系，已知各齿轮齿数为 $z_1 = z_{2'} = 20, z_2 = z_3 = 42, z_4 = 100, z_5 = z_6 = z_7 = 30$。试求传动比 i_{17}。

（33）如图 8-38 所示轮系，已知各齿轮齿数为 $z_1 = z_{2'} = 25, z_2 = z_3 = z_5 = 20, z_4 = 100$。试求传动比 i_{15}。

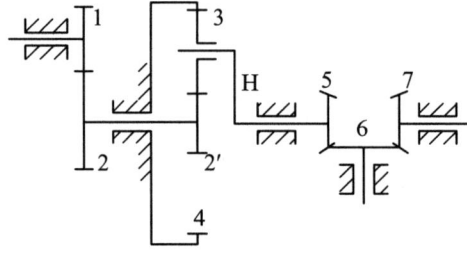

图 8-37　复合轮系　　　　　　　　　　　　图 8-38　复合轮系

（34）如图 8-39 所示轮系，已知各齿轮齿数为 $z_1 = 20, z_2 = 34, z_3 = 18, z_4 = 36, z_5 = 78, z_6 = z_7 = 26$。试求传动比 i_{1H}。

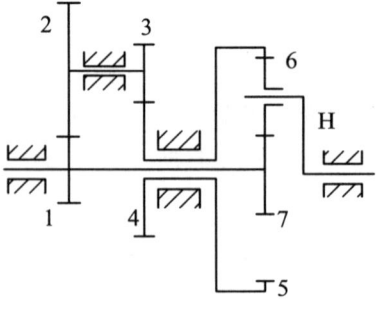

图 8-39　复合轮系

参考答案

第1章 机构的组成原理和结构分析

1.5.1 概念题

(1)机器,机构。

(2)自由度大于等于1,且原动件数目等于机构的自由度数。

(3)$m-1$,复合铰链。

(4)使两构件直接接触并能产生一定的相对运动的连接;点、线、面。

(5)代替前后机构的自由度完全相同,代替前后机构的瞬时速度和瞬时加速度完全相同。

(6)机架、基本杆组、原动件。

(7)转动副连接的两构件运动轨迹重合、双转动副连接的两构件某两点之间的距离始终保持不变、不影响机构运动传递的重复部分所带入的约束。

(8)4。 (9)若干个基本杆组。 (10)相互接触且能相对运动。

(11)某一构件是固定的。 (12)高,1,2。 (13)永久,曲率中心,一线段(杆件)。

(14)0。 (15)将某一构件固定。 (16)C。 (17)B。 (18)C。

(19)(a),(b)中 CE 与 DF 不平行,机构的自由度为 0。

1.5.2 绘制机构的运动简图

(1)解:各机构的简图如下

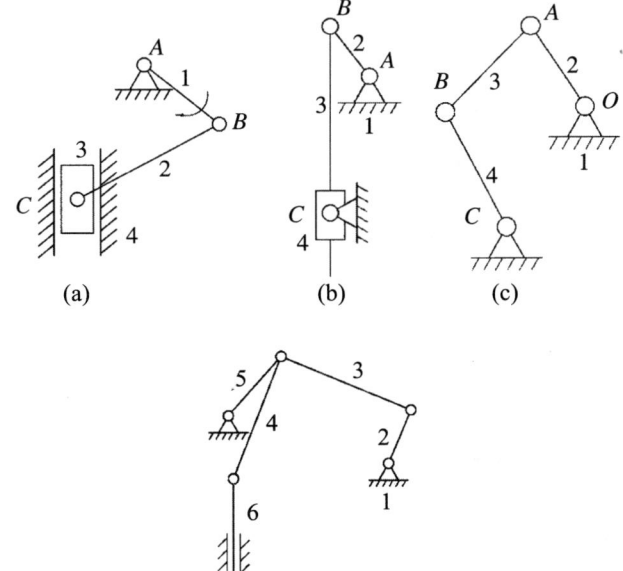

(2)

1.5.3 机构的自由度计算和结构分析

(1)解:滚子3的转动自由度是局部自由度,凸轮1与构件2两处高副的公法线共线,滚子3与构件4两处高副的公法线也共线,故有两个虚约束,因此机构的自由度是
$$F = 3 \times 5 - (2 \times 5 + 4 - 2) - 1 = 2$$

(2)解:该机构中,虽然齿轮3与齿条4、5的中心距不固定,但因齿条间的距离是固定的,所以可以认为齿轮3与下方齿条5的接触点为2处,与上方齿条4的接触点为1处,即高副个数为3。齿条4与机架5在H、G点构成移动副,但两个移动副的方向平行,故其中一个是虚约束,计算自由度时应忽略。因此机构的自由度为
$$F = 3 \times 4 - (2 \times 4 + 1 \times 3) = 1$$

(3)解:该机构中滚子2的转动自由度是局部自由度,无复合铰链和虚约束,自由度为
$$F = 3n - (2P_L + P_H) - F' = 3 \times 5 - (2 \times 6 + 1) - 1 = 1$$

(4)解:机构中杆EF及转动副E、F共引入一个虚约束,自由度为
$$F = 3n - 2P_L - P_H = 3 \times 5 - (2 \times 7 + 1 - 1) = 1$$

(5)解:①铰链C处为复合铰链、H处滚子绕自身轴线的转动自由度为局部自由度,无虚约束,故机构自由度为
$$F = 3n - (2P_L + P_H) - F' = 3 \times 7 - (2 \times 9 + 1) - 1 = 1$$

②高副低代如下图所示,自由度计算
$$F = 3n - 2P_L - P_H = 3 \times 7 - 2 \times 10 = 1$$

③杆组分析结果如下,机构为Ⅱ级机构。

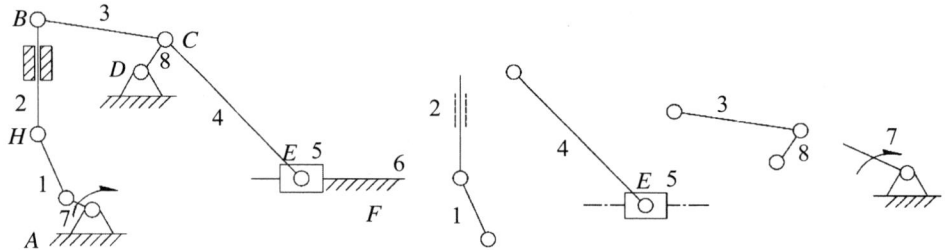

(6)解:(a)D处滚子绕自身轴线的转动自由度为局部自由度,滚子上下两侧与框形机架间的高副接触只计算一个,另一个为虚约束。机构自由度为
$$F = 3n - (2P_L + P_H - P') - F' = 3 \times 4 - (2 \times 4 + 3 - 1) - 1 = 1$$

高副低代及杆组分析结果如下,该机构为Ⅲ级机构。

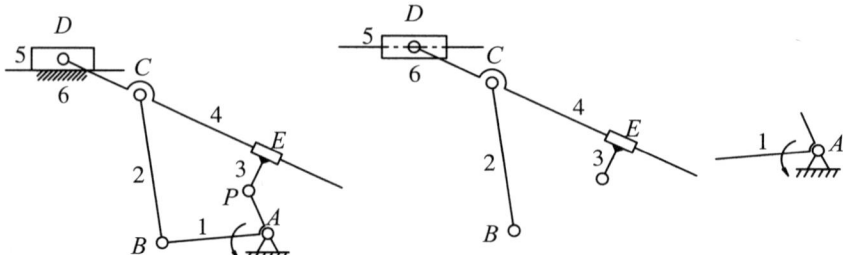

(b)该机构有两处局部自由度,分别是滚子2和4绕自身轴线的转动自由度,无复合铰链和虚约束。机构

自由度为
$$F = 3n - (2P_L + P_H) = 3 \times 5 - (2 \times 5 + 1 \times 2)2 = 1$$
高副低代及杆组分析结果如下,该机构为Ⅱ级机构。

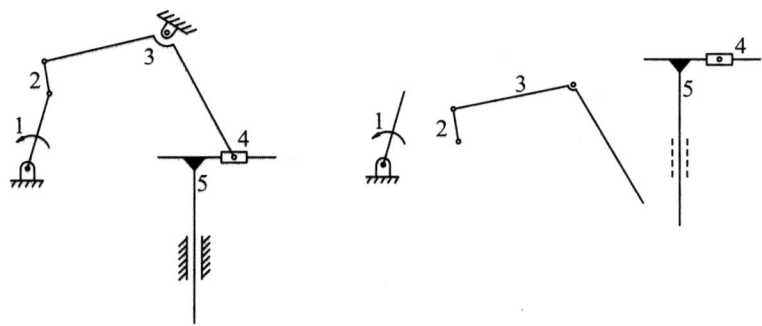

(c)该机构有两处高副,B处滚子绕自身的转动自由度为局部自由度,无复合铰链和虚约束。机构自由度为
$$F = 3n - (2P_L + P_H) - F' = 3 \times 4 - (2 \times 4 + 1 \times 2) - 1 = 1$$
高副低代及杆组分析结果如下,机构为Ⅱ级机构。

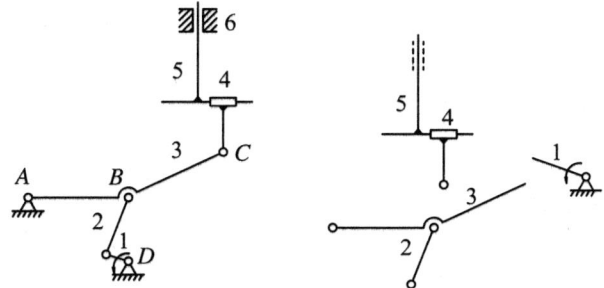

(7)解:该机构存在一个局部自由度,即滚子C绕自身轴线的转动自由度,B点是复合铰链,无虚约束。机构的自由度为
$$F = 3n - (2P_L + P_H) - F' = 3 \times 7 - (2 \times 9 + 1) - 1 = 1$$
高副低代后的简图及杆组分析结果如下,该机构为Ⅱ级机构。

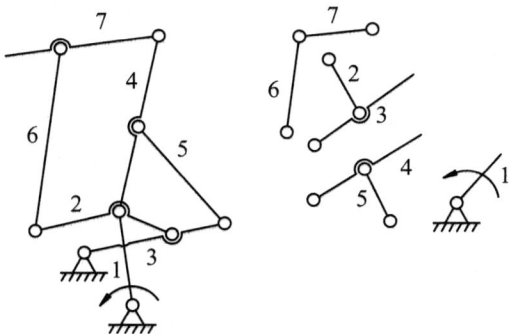

(12)解:该机构有三个局部自由度,一个虚约束,无复合铰链。机构自由度为
$$F = 3n - (2P_L + P_H) - F' = 3 \times 7 - (2 \times 7 + 3) - 3 = 1$$
高副低代后的简图及杆组分析结果如下,该机构为Ⅱ级机构。

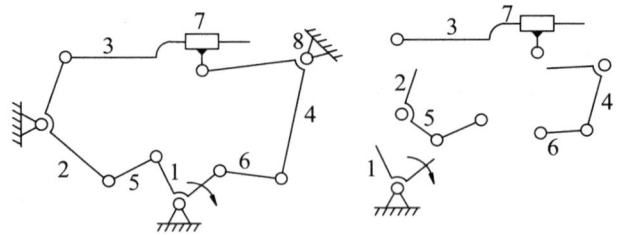

(15)解:机构高副低代后的简图及杆组分析结果如下,该机构为Ⅱ级机构。

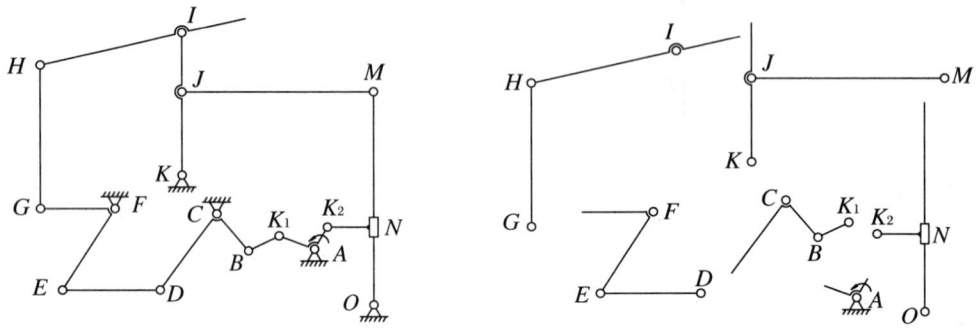

(16)解:(a)该机构存在一个局部自由度,一个复合铰链,二个高副。自由度计算如下:
$$F = 3n - (2P_L + P_H) - F' = 3 \times 8 - (2 \times 10 + 2) - 1 = 1$$
高副低代后的简图及杆组分析结果如下,该机构为Ⅱ级机构。

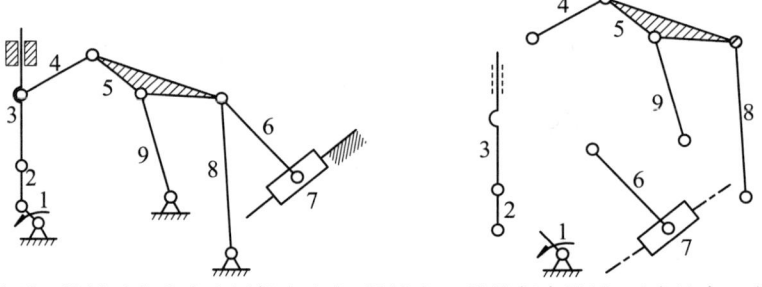

(b)该机构滚子6的转动自由度为局部自由度,铰链点 C 处是复合铰链,无虚约束。自由度计算结果为
$$F = 3n - (2P_L + P_H) - F' = 3 \times 9 - (2 \times 12 + 1) - 1 = 1$$
高副低代后的简图及杆组分析结果如下,该机构为Ⅱ级机构。

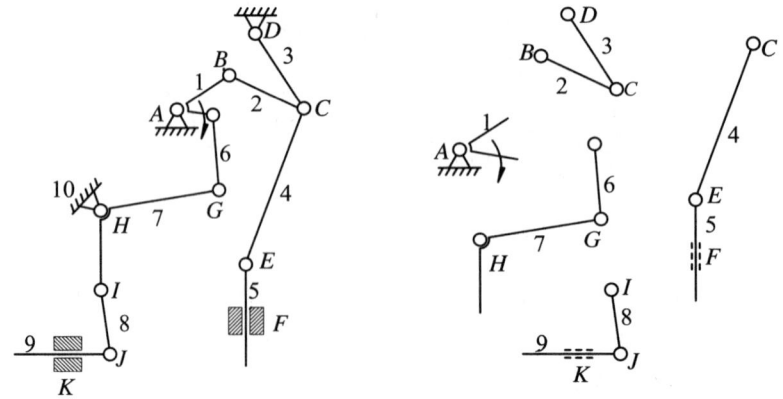

(19)解:该机构中齿轮副、凸轮副为高副,B处滚子的转动自由度为局部自由度,E处为复合铰链,J、K两处移动副中,一个为虚约束,故机构的自由度为

$$F = 3n - (2P_L + P_H - P') - F' = 3 \times 10 - (2 \times 14 + 2 - 2) - 1 = 1$$

自由度数等于主动件个数,故机构具有确定运动。

机构高副低代后的简图及杆组分析结果如下,该机构为Ⅱ级机构。

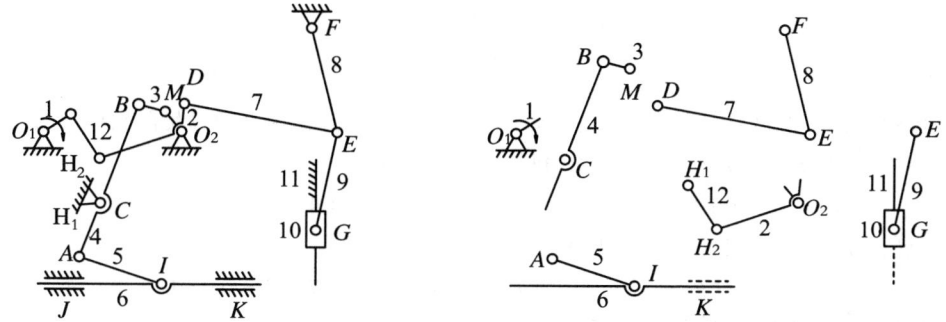

(22)解:该传剑机构中,凸轮1为共轭凸轮,在运动时,主、副凸轮轮流驱动摆杆3上的滚子,所以计算自由度时,只计算一个凸轮廓线及它所接触的滚子,另一个廓线和滚子之间的高副约束看作虚约束。另外,两个滚子的转动自由度是局部自由度,因此机构的自由度为

$$F = 3n - (2P_L + P_H - P') - F' = 3 \times 7 - (2 \times 8 + 3 - 1) - 2 = 1$$

机构高副低代后的简图如下:

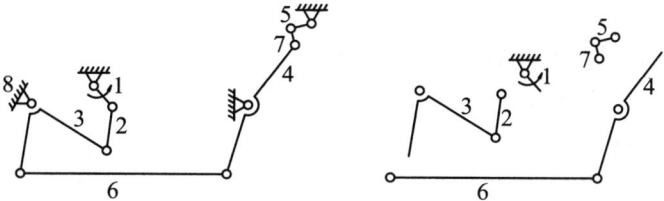

(23)解:该题目中也有共轭凸轮机构,因此,其中一个凸轮与从动滚子之间的高副约束是虚约束。另外,该机构中,驱动综框的左右两个连杆机构在结构上是完全对称的,因此,其中一侧(构件10、11、12)引入的约束是虚约束。

凸轮与滚子$2'$间的虚约束为1,构件10、11、12共引入9个自由度和5个转动副,故共计引入的自由度是$3 \times 3 - 2 \times 5 = -1$,即虚约束为1。所以机构的自由度为

$$F = 3n - (2P_L + P_H - P') - F' = 3 \times 9 - (2 \times 12 + 1 - 2) - 1 = 1$$

(24)解:该机构中凸轮7为槽道凸轮,其与从动滚子之间的接触点有两个,但这两点的公法线共线,故只计一个,另一个为虚约束;另外,构件5的作用是增加对综框的支撑刚度,在运动学上不起作用,故其引入一个虚约束。机构的自由度计算如下:

$$F = 3n - (2P_L + P_H - P') - F' = 3 \times 8 - (2 \times 11 + 1 - 1) - 1 = 1$$

该机构高副低代后的结果如下:

参考答案 109

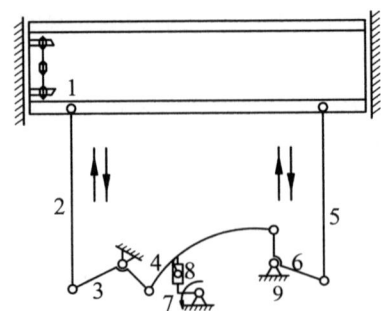

(25)解:该机构比较简单,就是一个共轭凸轮驱动一个摆杆。只要注意,在计算共轭凸轮机构的高副约束时只考虑一个廓线及从动滚子就行了。故该机构的自由度为

$$F = 3n - (2P_L + P_H - P') - F' = 3 \times 4 - (2 \times 4 + 2 - 1) - 2 = 1$$

(26)解:该机构为低副机构,无复合铰链,无虚约束,自由度计算如下

$$F = 3n - (2P_L + P_H - P') - F' = 3 \times 5 - (2 \times 7 + 0 - 0) - 0 = 1$$

(27)解:该机构为低副机构,无复合铰链,无虚约束,自由度计算如下

$$F = 3n - (2P_L + P_H - P') - F' = 3 \times 6 - (2 \times 8 + 0 - 0) - 0 = 2$$

 ## 第 2 章　平面机构的运动分析

2.5.1　概念题

(1)3,同一条直线上。

(2)与移动副导路垂直的无穷远处;两构件的接触点;三心。

(3)速度,重合点绝对速度为0,都是等速重合点,绝对速度是否为0。

(4)速度影像。　(5)90,270。

(6)①,①。　(7)A。　(8)C。　(9)A。

2.5.2　综合题

(1)解:①该机构共有 4 个构件,6 个瞬心,其中 3 个绝对瞬心和 3 个相对瞬心。所有瞬心位置见下图。

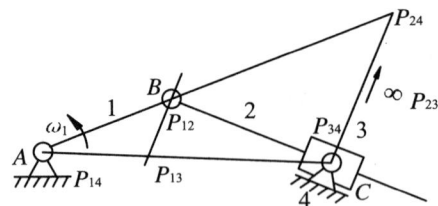

已知构件 1 的角速度,要求构件 3 的角速度,需要知道绝对瞬心 P_{14}、P_{34} 和相对瞬心 P_{13} 的位置,且

$$\omega_3 = \frac{P_{13}P_{14}}{P_{13}P_{34}}\omega_1$$

②矢量方程图解法求解

构件 1 与构件 2 通过回转副连接,$v_{B2} = v_{B1} = l_1\omega_1$,方向垂直于 AB。构件 2 和构件 3 组成移动副,其中构件 2 上 B 点的速度已知,故利用组成移动副的两构件上重合点之间的速度关系,列出矢量方程:

选定适当的速度比例尺 μ_v 绘制速度图,任取一点 p 为速度极点,作 $pb_2 \perp AB$,然后过 b_2 点作辅助线平行于

BC,过 p 点作辅助线垂直于 BC,上述两条辅助线的交点就是 b_3 点,则 B_3 点的速度为

$$v_{B3} = \mu_v \cdot pb_3$$

	$\mathbf{v}_{B3}$	$=$	$\mathbf{v}_{B2}$	$+$	$\mathbf{v}_{B3B2}$
大小	?		$l_1\omega_1$		?
方向	$\perp BC$		$\perp AB$		$/\!/BC$

构件 3 的角速度 ω_3 为

$$\omega_3 = \frac{v_{B3}}{l_{BC}} = \frac{\mu_v \cdot pb_3}{l_{BC}}$$

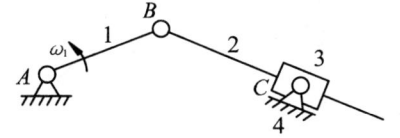
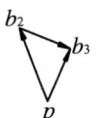

(2)解:构件 1 与构件 2 在 B 点转动副连接,因此,$v_{B2}=v_{B1}=l_1\omega_1$,方向垂直于 AB

构件 2 与构件 3 组成移动副,则

	$\mathbf{v}_{B3}$	$=$	$\mathbf{v}_{B2}$	$+$	$\mathbf{v}_{B3B2}$
大小	?		$l_1\omega_1$		?
方向	$\perp BC$		$\perp AB$		$/\!/BC$

选定适当的速度比例尺 μ_v 绘制速度图,任取一点 p 为速度极点,作 $pb_2 \perp AB$,然后过 b_2 点作辅助线平行于 BC,过 p 点作辅助线垂直于 BC,上述两条辅助线的交点就是 b_3 点,则 B_3 点的速度为

$$v_{B3} = \mu_v \cdot pb_3$$

构件 3 的角速度 ω_3 为

$$\omega_3 = \frac{v_{B3}}{l_{BC}} = \frac{\mu_v \cdot pb_3}{l_{BC}}$$

因此,D 点的速度为

$v_{D3} = v_{D4} = l_{CD} \cdot \omega_3$,方向垂直于 CD

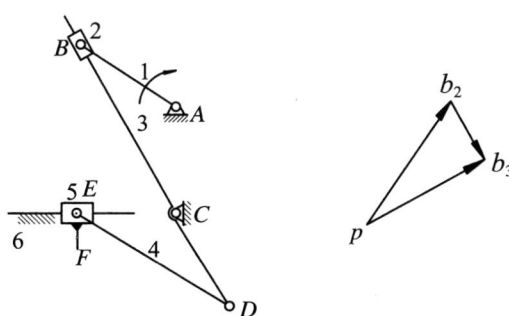

E 点与 D 点同在构件 4 上,故

	$\mathbf{v}_{E4}$	$=$	$\mathbf{v}_{D4}$	$+$	$\mathbf{v}_{ED}$
大小	?		$\omega_3 l_{CD}$		?
方向	水平		$\perp CD$		$/\!/DE$

在速度图中,延长 b_3c 至 cd,且 $b_3c/cd=B_3C/CD$,过 d 点作辅助线 $\perp CD$,再过 p 点作水平辅助线,上述两个辅助线的交点即为 e_4。则滑块 $5E$ 点的速度为

$$v_{E4} = \mu_v \cdot pe_4$$

构件 5 作水平移动,故其上任意一点的速度与 E 点的速度相等,包括 F 点,因此有

$$v_F = v_{E4} = \mu_v \cdot pe_4$$

(3)解:该机构瞬心总数:$K = 4 \times (4-1)/2 = 6$,各瞬心的位置如下图

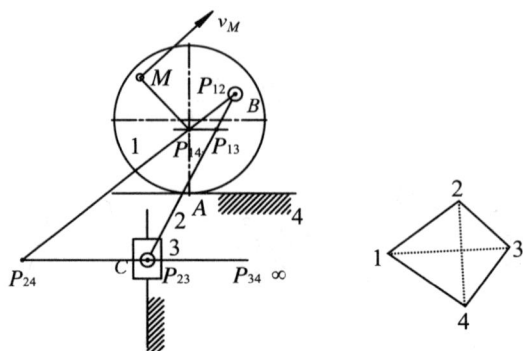

(4)解:①速度瞬心如下图所示,其中瞬心 P_{13} 在 A、C 连线的无穷远处。

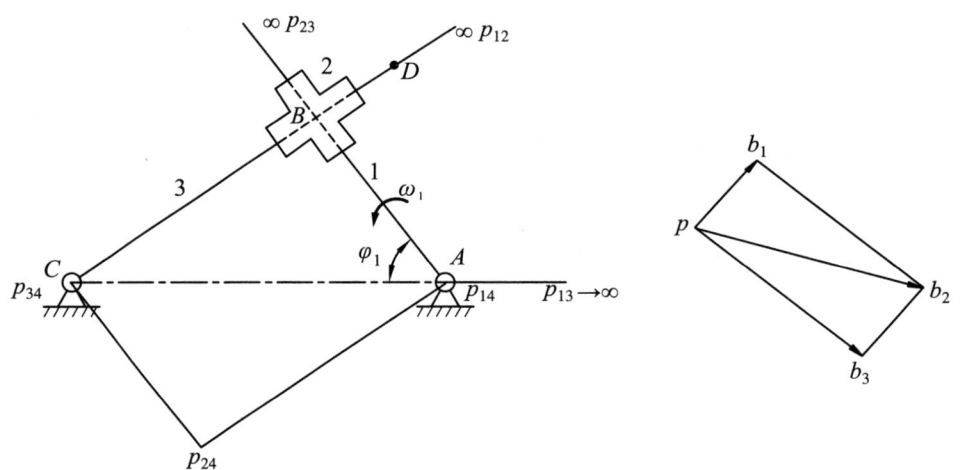

②可以用两种方法求构件 3 的角速度

方法一:瞬心法

根据题意可知,瞬心 P_{13} 位于水平方向无穷远处,因此有

$$\omega_3 \cdot P_{13}P_{34} = \omega_1 \cdot P_{13}P_{14} \quad 即 \quad \omega_3 = \frac{P_{13}P_{14}}{P_{13}P_{34}} \omega_1, 方向与构件 1 的角速度方向相同。$$

方法二:矢量方程图解法

由题意列出矢量方程。值得说明的是,在此题目求解时,我们利用瞬心和矢量方程相结合的方法求解。

因为已找出绝对瞬心 P_{24},故可以确定 B_2 点的速度方向(垂直于 $P_{24}B$ 连线)。

	v_{B3}	$=$	v_{B2}	$+$	v_{B3B2}	$=$	v_{B1}	$+$	v_{B2B1}	$+$	v_{B3B2}
大小	?		?		?		$\omega_1 l_{AB}$		?		?
方向	$\perp BC$		$\perp P_{24}B$		$//CD$		$\perp AB$		$//AB$		$//CD$

选定适当的速度比例尺 μ_v 绘制速度图,任取一点 p 为速度极点,作 $pb_1 \perp AB(pb_1 = v_{B1}/\mu_v = (\omega_1 \cdot l_{AB})/\mu_v)$;

然后过 b_1 点作辅助线平行于 AB,过 p 点作辅助线垂直于 $P_{24}B$,上述两条辅助线的交点就是 b_2 点;过 b_2 点作辅助线平行于 BC,过 p 点作辅助线垂直于 BC,上述两条辅助线的交点为 b_3,则构件 3 的角速度为

$$\omega_3 = \frac{\mu_v \cdot pb_3}{l_{BC}}$$

③根据构件 1 的角速度,易求构件 1 上 D 点的加速度(速度影像原理)。
由题意列出矢量方程

	$\boldsymbol{a}_{B1}$	$=$	$\boldsymbol{a}^n_{B1}$	$+$	$\boldsymbol{a}^t_{B1}$	$=$	$\boldsymbol{a}_{B2}$	$+$	$\boldsymbol{a}^r_{B1B2}$	$+$	$\boldsymbol{a}^k_{B1B2}$
大小			$l_{AB}\omega_1^2$		$l_{AB}\omega_1^2$		0		?		$2v_{B1B2}\omega_1$
方向			$B \to A$		$B \to A$				$//BA$		$\checkmark$

(5)解:第一步:求构件 3 的角速度。构件 1 与构件 2 通过回转副连接,故 $v_{B2} = v_{B1} = l_{AB}\omega_1$,方向垂直于 AB。

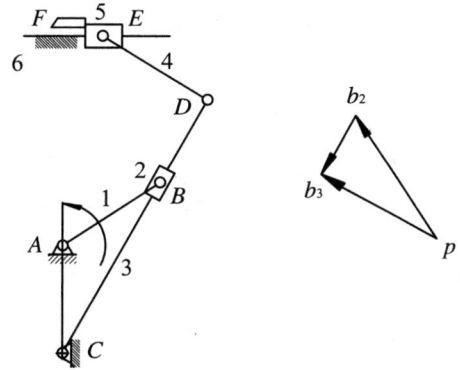

构件 2 与构件 3 通过移动副连接,重影点 B 点的速度有如下关系:

	$\boldsymbol{v}_{B3}$	$=$	$\boldsymbol{v}_{B2}$	$+$	$\boldsymbol{v}_{B3B2}$
大小	?		$l_{AB}\omega_1$		?
方向	$\perp BC$		$\perp AB$		$//BC$

选定适当的速度比例尺 μ_v 绘制速度图,任取一点 p 为速度极点,作 $pb_1 \perp AB(pb_1 = v_{B1}/\mu_v = (\omega_1 \cdot l_{AB})/\mu_v)$;然后过 b_1 点作辅助线平行于 BC,过 p 点作辅助线垂直于 BC,上述两条辅助线的交点就是 b_3 点,则

$$\omega_3 = \frac{v_{B3}}{l_{BC}} = \frac{\mu_v \cdot pb_3}{l_{BC}}$$

第二步:求 D 点速度有两种求法。
解法一:$v_{D3} = v_{D4} = l_{CD}\omega_3$,方向垂直于 CD。
解法二:因为 BCD 三点都是构件 3 上的点,因此也可以利用速度影像法求 D 点速度。在速度图中,延长 pb_3 至 pd_3,且 $pb_3/pd = CB/CD$(因为机构中 C 是固定铰链点,故在速度图中,c 点与 p 点重合),则

$$v_{D3} = \mu_v \cdot pd$$

第三步:求 E 点速度。E 点与 D 点同在构件 4 上,利用同一刚体上两点速度关系得

	$\boldsymbol{v}_E$	$=$	$\boldsymbol{v}_{D3}$	$+$	$\boldsymbol{v}_{ED}$
大小	?		$\checkmark$		?
方向	水平		$\checkmark$		$//DE$

在速度图中,过 p 点作辅助线平行于 EF,过 d 点作辅助线 $\perp DE$,上述两条辅助线的交点就是 e 点,则 E 点速度为 $v_E = \mu_v \cdot pe$,方向由 p 指向 e。

第四步：求 F 点速度。构件5作水平往复移动，故构件5上的任何一点的速度等于 E 点的速度，即
$$v_F = v_E$$

（6）解：构件1与构件2通过转动副连接，因此 $v_{B2} = v_{B1} = l_{AB}\omega_1 = 200$ mm/s，方向垂直于 AB。

C 与 B 同在构件4上，C 点随构件3水平移动，因此

$$\boldsymbol{v}_C = \boldsymbol{v}_B + \boldsymbol{v}_{CB}$$

大小　　　?　　$l_{AB}\omega_1$　　?
方向　　水平　　⊥AB　　⊥CB

利用速度图可求得

$$\omega_2 = \frac{v_{BC}}{l_{BC}} = \frac{\mu_v \cdot bc}{l_{BC}},$$

$$v_C = \mu_v \cdot pc$$

点 B、C、E 位于同一构件2上，可以通过速度影像原理，求出 E 点的速度。

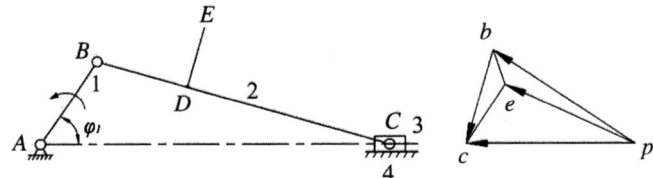

（7）解：该机构有4个构件，共有6个瞬心，其中3个相对瞬心，3个绝对瞬心，见下图。

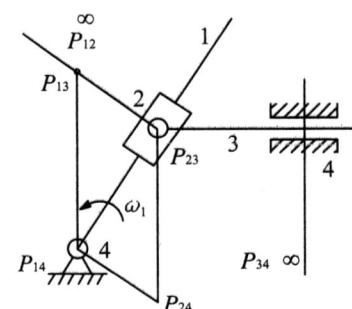

构件3的速度为 $v_3 = v_{P13} = \mu_l(\overline{P_{13}P_{14}})\omega_1$，水平向左。

（8）解：构件1与构件2通过回转副连接，故 $v_{B2} = v_{B1} = l_{AB}\omega_1$，方向垂直于 AB。

构件3和构件2组成移动副，则它们的重影点 B_3 和 B_2 之间的速度关系为

$$\boldsymbol{v}_{B3} = \boldsymbol{v}_{B2} + \boldsymbol{v}_{B3B2}$$

大小　　　?　　$l_{AB}\omega_1$　　?
方向　　⊥BD　　⊥AB　　∥CD

利用速度图可以求得：$\omega_3 = \dfrac{v_{B3}}{l_{DB}} = \dfrac{\mu_v \cdot pb_3}{l_{DB}}$

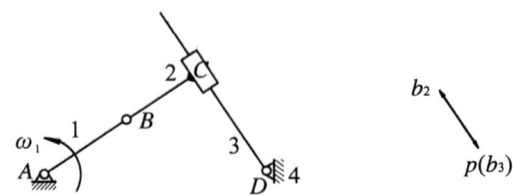

(9)解:①该机构有6个构件,共有15个瞬心,题目中要求的瞬心位置如下图所示。

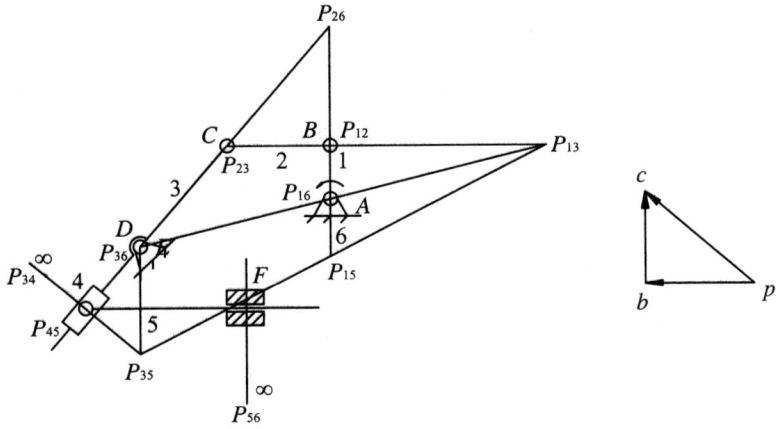

②构件5的速度为 $v_5 = \overline{P_{15}P_{16}}\omega_1$,根据图示可知,此刻构件5向右运动。
③根据同一刚体上两点的速度关系,有

	v_C	=	v_B	+	v_{CB}
大小	?		$l_{AB}\omega_1^2$		?
方向	⊥CD		√		⊥CB

又因为构件2和3通过回转副连接,因此 $v_{C3} = v_{C2}$。

则:$\omega_3 = \dfrac{v_{C3}}{l_{CD}}$

(10)解:①该机构有6个构件,共有15个速度瞬心,其中,5个绝对瞬心,10个相对瞬心,各瞬心位置见下图。

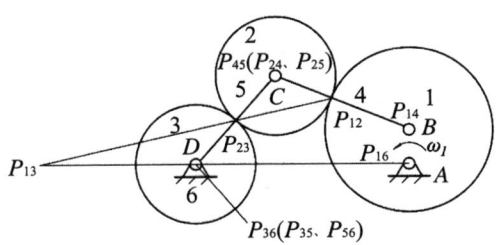

②因为题目中要求用瞬心法求解构件3的角速度,因此,只需将构件1、3间的相对瞬心 P_{13},构件1、3与机架6之间的绝对瞬心 P_{16} 和 P_{36} 的位置找到即可。瞬心位置如图所示,则构件3的角速度为

$$\omega_3 = \dfrac{P_{13}P_{16}}{P_{13}P_{36}}\omega_1$$

因为,P_{13} 位于 P_{16} 和 P_{36} 连线的延长线上,故构件3的转向与构件1相同,逆时针方向。

(11)解:①该机构有4个构件,其中从动杆上的小滚子存在局部自由度,在求找瞬心前应将其去掉,即把滚子与摆杆2固结到一起,这样,机构就只有3个构件,共有3个瞬心,其中2个绝对瞬心,1个相对瞬心。所有瞬心的位置如下图所示。

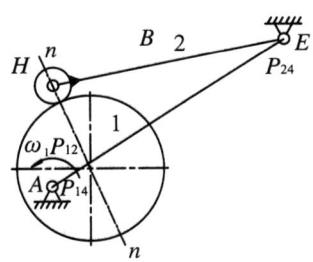

因此，$\dfrac{\omega_2}{\omega_1} = \dfrac{P_{12}P_{13}}{P_{12}P_{23}}$

(12) 解：① 速度

根据题意可知，$v_{B2} = v_{B1} = l_{AB}\omega_1$，方向垂直于 AB。

构件 2 与构件 3 通过移动副连接，根据组成移动副两构件上重合点间的速度关系有

$$\boldsymbol{v}_{B3} = \boldsymbol{v}_{B2} + \boldsymbol{v}_{B3B2}$$

| 大小 | ? | √ | ? |
| 方向 | ⊥BC | √ | ⊥BC |

选取适当的速度比例尺 μ_v 绘制速度图。任取一点 p 为速度极点，作 $pb_2 \perp AB$，然后过 b_2 点作辅助线平行于 BC，过 p 点作辅助线垂直于 BC，上述两条辅助线的交点就是 b_3 点，所以

$$\omega_3 = \dfrac{v_{B3}}{l_{BC}}, \quad v_{D3} = v_{D4} = l_{CD}\omega_3, \text{ 方向垂直于 } CD。$$

由于 D 与 B、C 点都在构件 3 上，根据速度影像原理，易求得 D 点的速度，如图所示。

E 与 D 同在构件 4 上，利用同一刚体上两点间速度关系，有

$$\boldsymbol{v}_{E5} = \boldsymbol{v}_{E4} = \boldsymbol{v}_{D4} + \boldsymbol{v}_{E4D4}$$

| 大小 | ? | √ | ? |
| 方向 | 水平 | √ | ⊥DE |

过 d_3 点作辅助线垂直于 DE，过 p 点作辅助线与滑块 5 的移动方向平行，上述两条辅助线的交点就是 $e_4(e_5)$ 点，pe_5 即为所求速度。

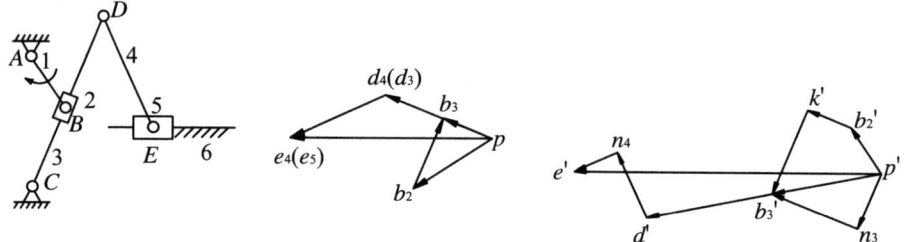

② 加速度

因构件 2、3 组成移动副，则取构件 2 为动系，导杆 3 上 B_3 点为动点，故有

$$\boldsymbol{a}_B = \boldsymbol{a}_{B3}^n + \boldsymbol{a}_{B3}^t = \boldsymbol{a}_{B2} + \boldsymbol{a}_{B3B2}^K + \boldsymbol{a}_{B3B2}^R$$

| 大小 | $\omega_3^2 l_{BC}$ | ? | $\omega_1^2 l_{BC}2$ | $\omega_3 v_{B3B2}$ | ? |
| 方向 | $B \to C$ | ⊥BC | $B \to A$ | ⊥CD | //CD |

式中，$\boldsymbol{a}_{B3B2}^K$ 的方向是 $\boldsymbol{v}_{B3B2}$ 沿 ω_3 的方向转 90°。上式只有两个未知量，选定合适的比例尺 μ_a，在图纸上任取一点 p' 为极点，过点 p' 依次作代表矢量的 $\boldsymbol{a}_{B2}$、$\boldsymbol{a}_{B3B2}^K$、$\boldsymbol{a}_{B3B2}^R$、$\boldsymbol{a}_{B3}^n$、$\boldsymbol{a}_{B3}^t$ 的矢量线段 $p'b_2'$、$b_2'k'$、$k'b_3'$、$p'n_3$、n_3b_3'，所以可求得

$$a_{B3} = \mu_a \overline{p'b'_3}$$

下面求解构件 4 上 D 点的加速度 $\boldsymbol{a}_d$。

根据加速度影像原理，按一定的比例，使得 $p'b_3' : b_3'd' = CB : BD$，则

$$\boldsymbol{a}_d = \mu_a \overline{p'd'}$$

最后求解构件5上E点的加速度a_E。

构件4作平面运动,故利用刚体的平面运动可求出a_E,即E点的加速度方程为

$$a_E = a_d + a_{ED}^n + a_{ED}^t$$

大小	?	已知	$\omega_4^2 l_{ED}$	?
方向	水平	已知	$E \to D$	$\parallel ED$

在加速度多边形中,过点d'和点p'分别作代表矢量a_{ED}^n、a_{ED}^t、a_E的矢量线段$d'n_4'$、$n_4'e'$、$p'e'$,a_E的大小为

$$a_E = \mu_a \overline{P'e'}$$

又因为构件5作直线运动,故其任意一点的加速度均相等,即构件5的加速度$a_5 = a_E$。

(13)解:①速度瞬心如下图所示

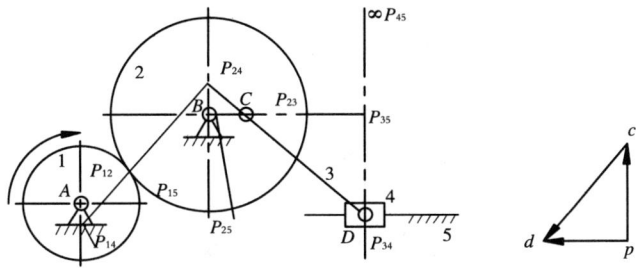

② $v_4 = \overline{P_{14}P_{15}}\omega_1$

③根据题意,C点的速度为$v_C = l_{BC}\omega_2$

D、C两点同是构件3上的点,故有

$$v_D = v_C + v_{DC}$$

大小	?	$l_{BC}\omega_2$	?
方向	水平	$\perp BC$	$\perp DC$

选定适当的速度比例尺μ_v,绘制速度图,任取一点p为速度极点,作$pc \perp BC$,然后过c点作辅助线垂直于DC,过p点作水平线,上述两条辅助线的交点就是d点,所以

$$v_4 = \overline{Pd}\mu_v$$

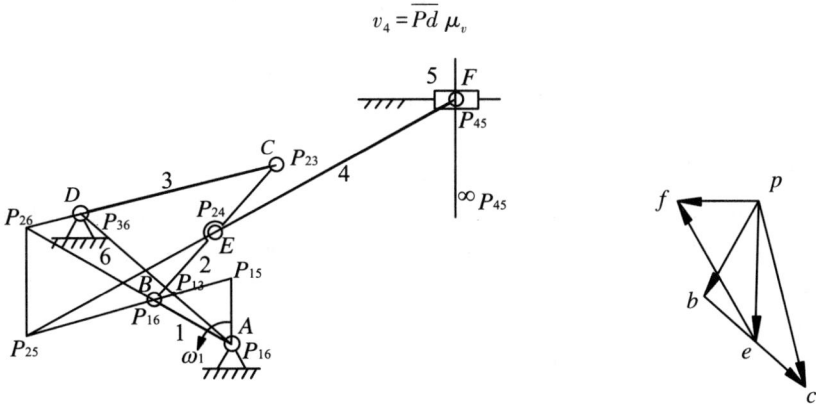

(14)解:①本机构有6个构件,共有15个瞬心,各瞬心的位置如图所示。为了求构件5的速度,需要找到构件1和构件5之间的相对速度瞬心P_{15},以及构件1、5与机架6之间的绝对速度瞬心P_{16}和P_{56}。构件5的速度为$v_5 = \overline{P_{15}P_{16}}\omega_1$。

②B、C两点同为构件2上的点,且B点速度已知,$v_B = l_{AB}\omega_1$,因此利用同一构件上两点的速度关系,可求

出 C 点的速度

$$v_C = v_B + v_{CB}$$

大小	?	$l_{AB}\omega_1$	?
方向	⊥DC	⊥AB	⊥BC

绘制速度图,可求得 c 点则 C 点的速度为 $v_C = \mu_v \overline{pc}$。

③利用速度影像可以求出 E 点速度点 e(在机构图中,B、E、C 三点共线,且 E 为中点,因此,在速度图中,b、e、c 三点也共线,e 为中点),则 e 点的速度为 $v_E = \mu_v \overline{pe}$。

再次利用同一构件上两点间的速度关系,可求得 F 点的速度

$$v_5 = v_F = v_E + v_{FE}$$

大小	?	?	√	?
方向	水平	水平	√	⊥EF

(15)解:速度瞬心如图所示

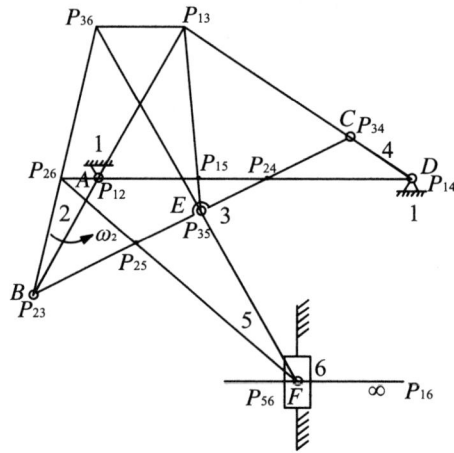

①速度瞬心 P_{24} 的位置如图所示,则构件 4 的角速度 $\omega_4 = \dfrac{\overline{P_{24}P_{12}}}{\overline{P_{24}P_{14}}}\omega_2$,转向为顺时针。

②速度瞬心 P_{25} 的位置如图所示,则构件 5 的角速度为 $\omega_5 = \dfrac{\overline{P_{25}P_{12}}}{\overline{P_{25}P_{15}}}\omega_2$,转向与 ω_2 相同。

③速度瞬心 P_{26} 的位置如图所示,则构件 6 的速度 $v_6 = \overline{P_{26}P_{12}}\omega_2$,方向向下。

④解题思路:已知 B 点速度,首先利用同一刚体上两点的速度关系求出 C 点速度;再利用速度影像求出 E 点速度;最后再次利用同一刚体上两点速度关系求出 F 点的速度。具体过程省略。

(16)解:下面用两种方法求解剑带的速度。

①矢量方程图解法。已知曲柄的角速度 ω_1,则 $v_B = l_1\omega_1$。

连杆 2 上的 C 点(也是齿条上的点)与连杆 2 上 B 的速度关系为

$$v_C = v_B + v_{CB}$$

大小	?	$l_1\omega_1$	?
方向	竖直	⊥AB	⊥CB

可以求出 C 点的速度,则齿轮 4 的角速度为 $\omega_4 = v_C/r_4$。

则剑带 7 的线速度为 $v_7 = (r_4/r_5)\omega_4 \cdot r_6$。

其中，r_4、r_5、r_6 为齿轮4、5和6的分度圆半径。

②速度瞬心法求解。求出瞬心 P_{15}，如图所示，则构件5的角速度为 $\omega_5 = \omega_1 \overline{P_{15}P_{16}}$。剑轮6的角速度与齿轮5的角速度相等，$\omega_6 = \omega_5$，因此，剑带的线速度为

$$v_7 = \omega_5 \cdot r_6$$

第3章 机械中的摩擦、效率与自锁

3.5.1 概念题

(1)驱动力作用在摩擦角之内；力作用在摩擦圆之内。机械效率始终小于或等于 0，50%。
(2)三角带具有槽面摩擦性质，摩擦力更大。　(3)F_0/F。
(4)小于等于 φ_v；$\varphi_v = \arctan f_v$。　(5)$\eta \leq 0$。　(6)大于，②。　(7)反，50%。
(8)摩擦因数，轴颈尺寸。　(9)②，①。
(10)机械效率，克服的生产阻力。
(11)自锁，自由度<1。　(12)$f/\sin\theta$。　(13)$1/\sin\theta$。
(14)$\dfrac{\eta_1(P_2\eta_2 + P_3\eta_3)}{P_2 + P_3}$；$\eta_1\eta_2\eta_3$。　(15)②。　(16)③。　(17)①。
(18)输出，输入，理想驱动力，实际驱动力。降低摩擦功耗，或者增大效率高的机组传动的功(功率)。
(19)机器所传递的功率。低。　(20)小，轴颈尺寸。
(21)大。材料，夹角，$1/\sin\theta$。　(22)$2.74 = (0.8/\sin 17°)$。　(23)②。　24.a。

3.5.2 综合题

(1)解：①因为该移动副为槽面结构，且槽型角为39°，故其当量摩擦因数和当量摩擦角为

$$f_v = \frac{f}{\sin\theta/2} = \frac{0.1}{\sin 39°} = 0.159;\ \varphi_v = \arctan f_v = 9.029°$$

②当滑块2匀速下滑时，相对速度 v_{21} 沿斜面向下，斜面作用于滑块2的总反力 F_{R12} 应与 v_{21} 呈 $(90°+\varphi)$ 角，如下图所示。

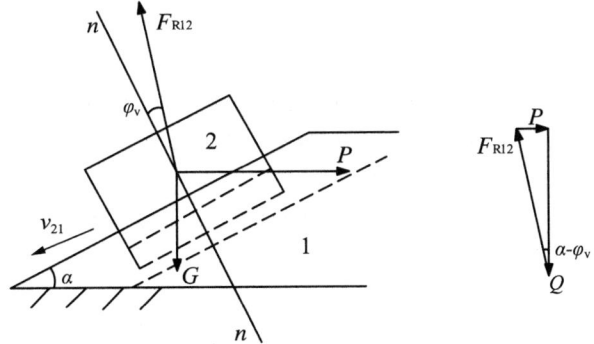

③当滑块匀速下滑时，滑块2受到的力有：重力 G，斜面1的总反力 F_{R12} 及阻力 P。力的三角形如下图所示。根据力的平衡条件，可知阻力 P 与重力 G 的关系为

$$P = G\tan(\alpha - \varphi_v)$$

④当滑块匀速下滑时，P 为生产阻力。根据机构自锁的条件，当其克服的生产阻力小于等于0时机构自锁，即当 $P = G\tan(\alpha - \varphi_v) \leq 0$ 时机构自锁，此时 $\alpha \leq \varphi_v$。因此，滑块在斜面上保持自锁的条件是

$$\alpha \leq \varphi_v$$

(2) 解：图示时刻，构件 1 逆时针转动，构件 1、2 间的夹角变大，即构件 2 相对于构件 1 的角速度 ω_{21} 为顺时针方向，构件 2 相对于构件 3 的角速度 ω_{23} 为顺时针（如图所示），因此，总反力 F_{R12}、F_{R32}、F_{R23}、F_{R43} 方向如图所示。

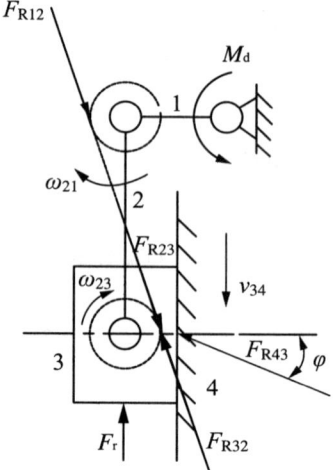

(3) 解：①偏心圆盘逆时针旋转，在构件 1、2 的接触点处，构件 2 相对于构件 1 的速度 v_{21} 方向向下，因此，构件 1 作用于构件 2 的总反力 F_{R12} 与 v_{21} 呈 $(90°+\varphi)$，由 1 指向 2，如下图所示。

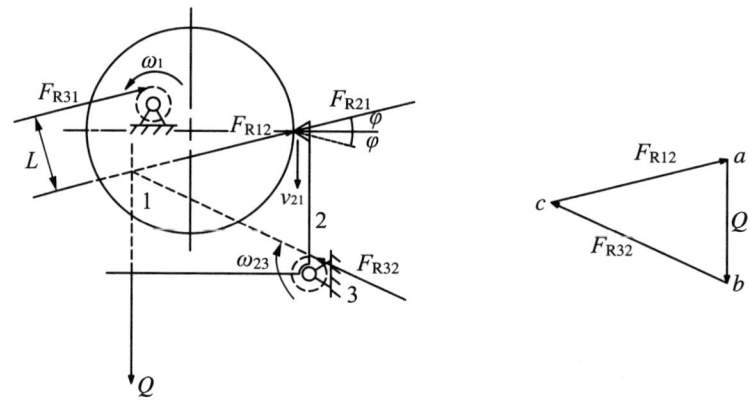

②对于构件 2，其受到的力有 F_{R12}、F_{R32} 和外力 Q，因为此刻构件 2 相对于构件 3 顺时针摆动，ω_{23} 为顺时针，因此 F_{R32} 应逆时针切摩擦圆，且 F_{R12}、F_{R32} 和力 Q 三力汇交于一点，因此有

$$Q + F_{R12} + F_{R32} = 0$$

对于构件 1，其受到构件 2 给它的总反力 F_{R21} 和构件 3 给它的总反力 F_{R31} 之外，还受到驱动力矩 M_d 的作用，根据力和力矩的平衡条件，有

$$F_{R21} = F_{R31}$$
$$M_d = F_{R21} \cdot L$$

式中：L 为 F_{R31} 与 F_{R21} 之间的垂直距离。

(4) 解：图示时刻构件 2 相对于机架 5 顺时针转动，故角速度 ω_{25} 为顺时针；在构件 1、2 作用点处，构件 2 相对于构件 1 的相对速度 v_{21} 沿构件 2 向左，构件 2 相对于构件 3 的速度 v_{21} 向右，且根据题意，构件 2 与 3 以及构件 1 与 2 间的摩擦角为

$$\varphi = \arctan f = 3.033°$$

因此,构件 2 的受力如下图所示:

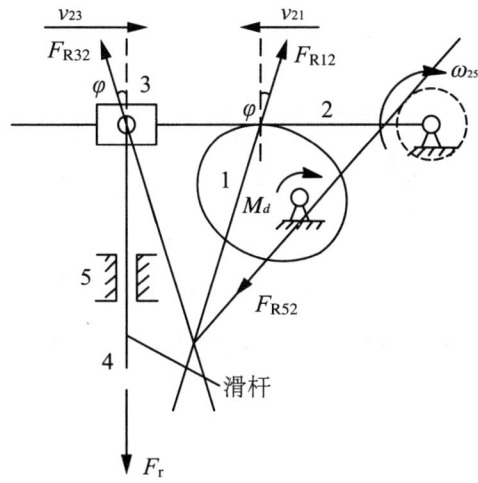

(5)解:①②总反力如下图所示:

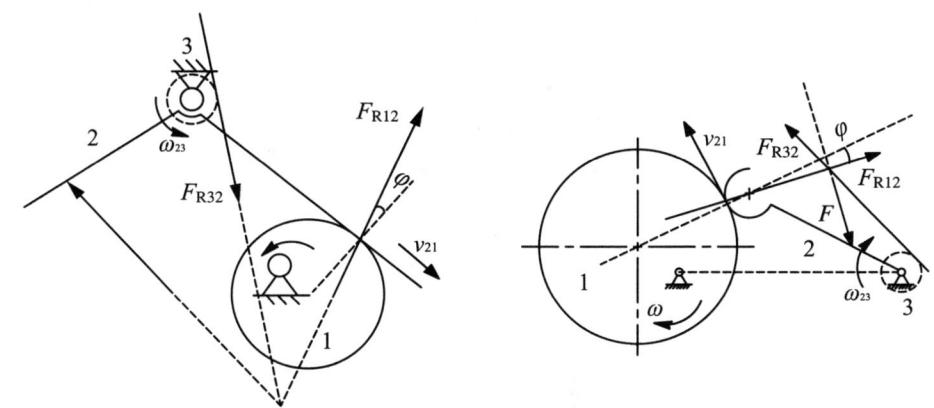

(6)解:①构件 2、3 间的摩擦圆半径 $\rho = f_v r = 0.1 \times 8 = 0.8$ mm。

②构件 1、2 间高副处的摩擦角 $\varphi = \arctan f_v = \arctan 0.08 = 4.57°$。图示时刻,构件 2 相对于构件 3 逆时针转动,构件 2 上 B 点相对于构件 1 向右运动,因此构件 2 受到的力如下图所示。

③构件 2 上受到的力构成的多边形如下:

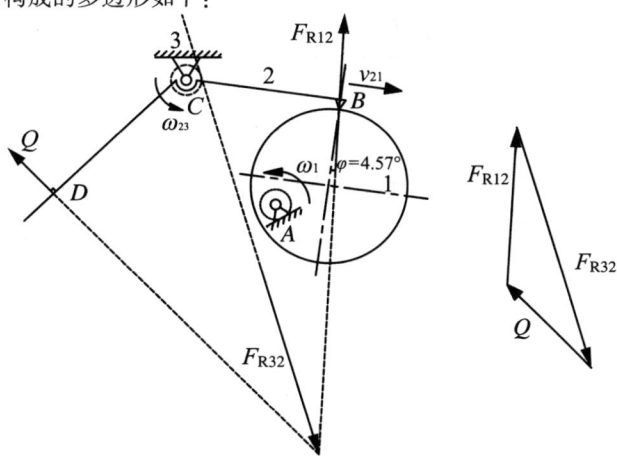

(7)解:如图所示:

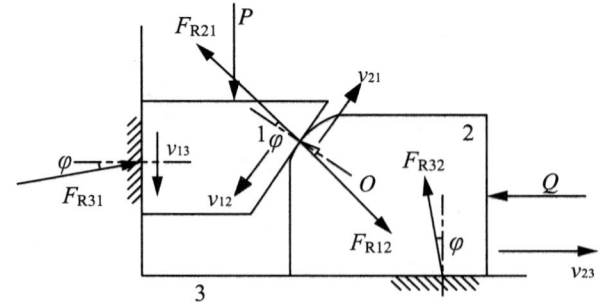

(8)解:①图示位置,各构件间的相对运动关系如图所示,构件2是二力杆,此刻受拉力作用,故可以判定各作用力的方向,如图所示。

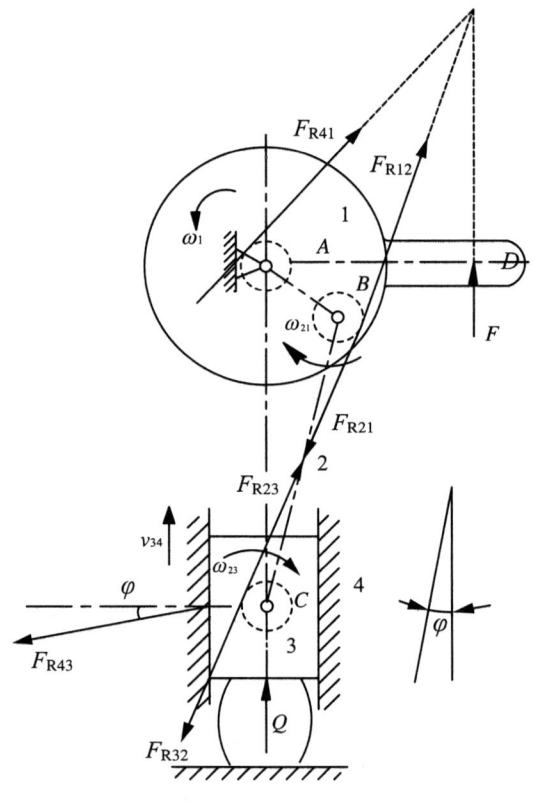

②力多边形如上图所示。

压紧力 $Q = 70 \times 10 = 700$ N。

(9)解:机构中,构件2、4是二力杆,在图示位置,它们都是受压状态。滑块5上受到的力有 F_{R65}、F_{R45} 和外力 Q,构成汇交力系;构件3上受到 F_{R43}、F_{R23} 和 F_{R63},构成汇交力系;构件1上受到 F_{R21}、F_{R61} 及驱动力矩 M_1 作用。受力如下图所示。

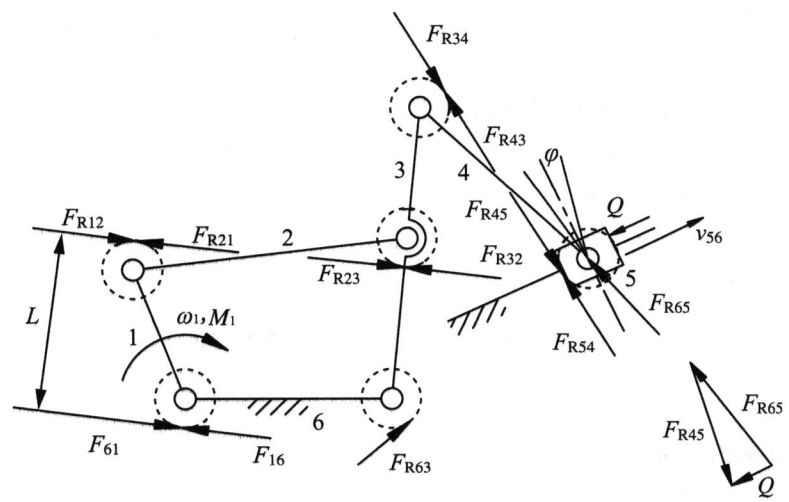

生产阻力 Q 的求解步骤如下：

①对于构件1，其受到构件6给它的总反力 F_{R61} 和构件2施加的总反力 F_{R21}，以及驱动力矩 M_1 的作用，根据力的平衡条件有

$$F_{R21} = F_{R61}, M_1 = F_{R21} \cdot L$$

因此，

$$F_{R21} = M_1/L$$

L 为 F_{R21} 与 F_{R61} 之间的距离。

②由 $F_{R21}=F_{R12}$，$F_{R12}=F_{R32}$，$F_{R23}=F_{R32}$ 可求出 F_{R23}

$$F_{R23}=F_{R32}=F_{R12}=F_{R21}=M_1/L$$

③构件3上受到 F_{R43}、F_{R23} 和 F_{R63} 三个力的作用，三个力构成汇交力系，由力的三角形求解出 F_{R43}；

④由 $F_{R34}=F_{R43}$，$F_{R54}=F_{R34}$，$F_{R45}=F_{R54}$，可得 F_{R45}。

⑤滑块5上受到的力有 F_{R65}，F_{R45} 和外力 Q，构成汇交力系，由力的三角形可以求出外力 Q 与 F_{R45} 的关系，至此，该机构能够克服的阻力 Q 的大小就求出了。

(10)解：本题与第3题，第5(a)题的解法类似，此处不再详细解答，只给出答案如下：

①作出各反力的作用线如下图所示。

②摆杆受力的矢量方程：$Q+R_{32}+R_{12}=0$。

③电机的驱动力 $M_1=R_{12}h=37×5×22=4\ 070$ N/mm

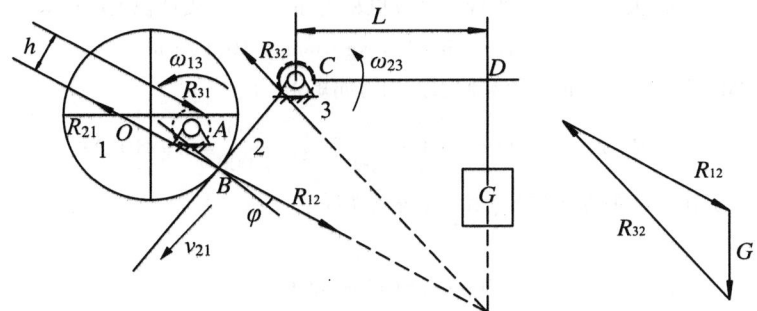

(11)解:该机构为串联机构,力的传递路线经过齿轮 1-2 啮合、齿轮 3-4 啮合、鼓轮 5 和滑轮 6,题目中忽略轴承处的摩擦力。

①串联机构的总效率为各级效率的连乘积,故机构总效率:

$$\eta_{总} = \eta_{12} \cdot \eta_{34} \cdot \eta_5 \cdot \eta = 0.95^3 \times 0.94 = 0.81$$

②重物提升需要的功率(输出功率)为

$$P_r = Q \cdot v = 60\,000 \times 0.2 = 12\,000 \text{ kW}$$

③需要电机的功率为

$$P_d = \frac{P_r}{\eta} = \frac{12\,000}{0.81} = 14\,815 \text{ kW}$$

第 4 章 机械的平衡

4.5.1 概念题

(1)静,动。所有惯性力的矢量和为 0;所有惯性力(离心力)的矢量和为 0,同时,所有惯性力(离心力)的合力偶矩为 0。

(2)它们的质量可以近似认为分布在垂直于其回转轴线的同一平面内,以及所有惯性力(离心力)的矢量和为 0,即 $\Sigma F = 0$,以及所有惯性力(离心力)的合力偶矩为 0,即 $\Sigma M = 0$。

(3) a;b。 (4)不平衡惯性力。

(5)两,双。 (6)动平衡。

(7)绕固定轴回转,动平衡。

(8)惯性力之和为 0。

(9)(a)、(b);(a),(b),(c)。

(10)①静平衡,$\Sigma F = 0$。

4.5.2 综合题

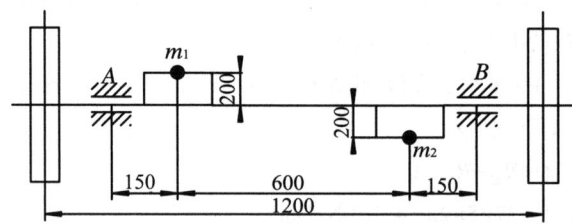

(1)解:①不平衡质量 m_1、m_2 大小相等,离轴线的距离也相同,故它们的质径积大小相等

$$m_1 r_1 = m_2 r_2 = 50 \times 200 (\text{kg} \cdot \text{mm}) = 10 (\text{kg} \cdot \text{m})$$

两质量相位差 180°,距离为 600 mm,故它们引发的力偶矩 M 为

$$M = m_1 r_1 \omega_1^2 \times 600 = 10 \times \left(\frac{3\,000 \times 2\pi}{60}\right)^2 \times \frac{600}{1\,000} = 5.9 \times 10^5 \text{ Nm}$$

②不计飞轮质量,A、B 处附加动反力 F_{RA} 和 F_{RB} 求解如下:

对 A 面取矩,则有

$$\begin{cases} m_1 \times 150 = m_{1B} \times (150 + 600 + 150) \\ m_2 \times (150 + 600) = m_{2B} \times (150 + 600 + 150) \end{cases}$$

解得

$$\begin{cases} m_{1B} = 8.33 \text{ kg} @ \angle 90° \\ m_{2B} = 41.67 \text{ kg} @ \angle 270° \end{cases}$$

因此,在 B 处,支撑动反力为

$$F_{RB} = mr\omega^2 = (m_{2B} - m_{1B} \times 200 \times \left(\frac{2\pi \times 3\ 000}{60}\right)^2 = 1.65 \times 10^4 \text{ kg} \cdot \text{mm} @ 270°$$

同样,对 B 面取矩,有

$$\begin{cases} m_1 \times (150+600) = m_{1A} \times (150+600+150) \\ m_2 \times 150 = m_{2A} \times (150+600+150) \end{cases}$$

解得

$$\begin{cases} m_{1A} = 41.67 \text{ kg} @ \angle 90° \\ m_{2A} = 8.33 \text{ kg} @ \angle 270° \end{cases}$$

因此,在 A 处,支撑动反力为

$$F_{RA} = mr\omega^2 = (m_{1A} - m_{2A}) \times 200 \times \left(\frac{2\pi \times 3\ 000}{60}\right)^2 = 1.65 \times 10^4 \text{ kg} \cdot \text{mm} @ 90°$$

③根据题意及图示,可知,左右两飞轮之间距离 1 200 mm,左侧飞轮距 A 面 150 mm,右侧飞轮离 B 面 150 mm,则运用与上面同样的方法,可以求出 m_1 和 m_2 在左右两飞轮上的分力。

由 $\begin{cases} m_1 \times 300 = m_{1右} \times 1200 \\ m_2 \times (300+600) = m_{2右} \times 1\ 200 \end{cases}$ 得 $\begin{cases} m_{1右} = 12.5 \text{ kg} @ \angle 90° \\ m_{2右} = 37.5 \text{ kg} @ \angle 270° \end{cases}$

由 $\begin{cases} m_1 \times (300+600) = m_{1左} \times 1200 \\ m_2 \times 300 = m_{2左} \times 1\ 200 \end{cases}$ 得 $\begin{cases} m_{1左} = 37.5 \text{ kg} @ \angle 90° \\ m_{2左} = 12.5 \text{ kg} @ \angle 270° \end{cases}$

因此,在左侧飞轮上应添加的平衡质量为

$$m_{c左x} = -(37.5\cos 90° \times 200 + 12.5\cos 270° \times 200)/r_c = 0$$
$$m_{c左y} = -(37.5\sin 90° \times 200 + 12.5\sin 270° \times 200)/r_c = -10 \text{ kg}$$

因此,在左侧飞轮上距轴线 500 mm 处,与 m_2 同方位的地方(270°)增加 10 kg 的平衡质量。
在右侧飞轮上应添加的平衡质量为

$$m_{c右x} = -(12.5\cos 90° \times 200 + 37.5\cos 270° \times 200)/r_c = 0$$
$$m_{c右y} = -(12.5\sin 90° \times 200 + 37.5\sin 270° \times 200)/r_c = 10 \text{ kg}$$

因此,在右侧飞轮上距轴线 500 mm 处,与 m_1 同方位的地方(90°)增加 10 kg 的平衡质量。

(2)解:①根据题意,转子的径宽比>5,故属于静平衡问题,且

$$m_1 r_1 = 400 \text{ kg} \cdot \text{mm} @ \angle 90°$$
$$m_2 r_2 = 300 \text{ kg} \cdot \text{mm} @ \angle 0°$$

因此,原不平衡质量的质径积矢量和为

$$(mr)_x = -(m_1 r_1 \cos 90° + m_2 r_2 \cos 0°) = -300 \text{ kg}$$
$$(mr)_y = -(m_1 r_1 \sin 90° + m_2 r_2 \sin 0°) = -400 \text{ kg}$$
$$mr = 500 \text{ kg} \cdot \text{mm} @ \angle 233.13°$$

因转子质量 $m = 250$ kg,因此,偏心距离为

$$r = 2 \text{ mm}$$

②不满足

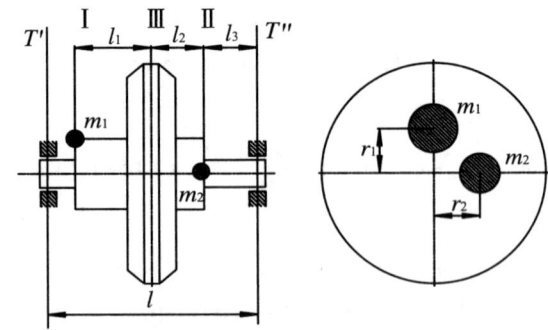

取平衡基面 T' 和 T''，质量 m_1、m_2 和 m 的质径积分别向两基面分解

向 T' 面分解

$$(m_1 r_1)' = \frac{7}{8} m_1 r_1 = 140 \text{ kg·mm} @ \angle 90°$$

$$(m_2 r_2)' = \frac{1}{4} m_2 r_2 = 75 \text{ kg·mm} @ \angle 0°$$

$$(mr)' = \frac{1}{2} \times 500 = 250 \text{ kg·mm} @ \angle 233.13°$$

$$m_1 r_1' + m_2 r_2' \neq (mr)'$$

向 T'' 面分解

$$(m_1 r_1)'' = \frac{1}{8} m_1 r_1 = 20 \text{ kg·mm} @ \angle 90°$$

$$(m_2 r_2)'' = \frac{3}{4} m_1 r_1 = 225 \text{ kg·mm} @ \angle 0°$$

$$(mr)'' = \frac{1}{2} \times 500 = 250 \text{ } kg·mm @ \angle 233.13°$$

$$m_1 r_1'' + m_2 r_2'' \neq mr''$$

可见，在两个基面内都不满足所有质量的质径积矢量和为零的条件，故转子不满足平衡条件。

(3) 解：根据题意，直径 40 mm 孔的轴线偏了转子几何中心 10 mm，因此，可以计算出该转子的质量为

$$m = \rho \pi (100^2 - 20^2) h = \rho \pi h 9\,600 \text{ kg} @ 270°, R = 10 \text{ mm}$$

所开的三个孔的半径分别是 $r_1 = 32$ mm、r_2、r_3，距离转子中心的距离分别为 $R_1 = 70$ mm、$R_2 = 80$ mm、$R_3 = 80$ mm，因此，他们的质径积为

$$m_1 R_1 = \rho \pi h \times 32^2 \times 70 \text{ kg} @ \angle 90°$$

$$m_2 R_2 = \rho \pi h \times (r_2)^2 \times 80 \text{ kg} @ \angle 30°$$

$$m_3 R_3 = \rho \pi h \times (r_3)^2 \times 80 \text{ kg} @ \angle 150°$$

由力的平衡条件可知

$$\sum (m_i R)_x = m_2 R_2 \cos 30° + m_3 R_3 \cos 150° = 0$$

$$\sum (m_i R_i)_y = m_2 R_2 \sin 30° + m_3 R_3 \sin 150° + m_1 R_1 \sin 90° + mR \sin 270° = 0$$

因此

$$m_2 R_2 = m_3 R_3$$

即另外两个孔的半径为
$$r_2 = r_3 = 17.436 \text{ mm}$$

(4) 解：此题中，圆盘状转子上既有去除材料的孔，也有增加材料的销轴，所以在求解过程中要加以区分。

① 两个不平衡质量的质径积分别为

销轴(增重)：$(mr)_{销} = \rho \pi R_{销}^2 l_{销} \times 70 = 7\,800 \times (\pi \times 5^2 \times 50) \times 10^{-9} \times 70 = 7\,800\pi \times 10^{-9} \times 87\,500 \text{ kg} \cdot \text{mm} @ \angle 270°$

偏心孔(减重)：$(mr)_{孔} = \rho \pi R_{孔}^2 B \times 40 = 7\,800 \times (\pi \times 10^2 \times 30) \times 10^{-9} \times 40 = 7\,800\pi \times 10^{-9} \times 120\,000 \text{ kg} \cdot \text{mm} @ \angle 90°$

② 转子的总体不平衡质径积为(增重)
$$mr = (mr)_{销} + (mr)_{孔} = 7\,800\,\pi \times 10^{-9} \times 207\,500 \text{ kg} \cdot \text{mm} @ 270°$$

③ 去重所需的质量的质径积应等于(2)所计算的总体不平衡质径积，因此，
$$7\,800\pi \times 10^{-9} \times 207\,500 = 7\,800 \times (\pi R_c^2 \times 30) \times 10^{-9} \times 40$$
$$R_c = 13.15 \text{ mm}$$

即应在距圆盘中心 40 mm 的正下方挖掉半径为 13.15 mm 的孔。

(5) 此题属于动平衡问题。求解过程如下：

① 三个不平衡质量的质径积分别为
$$m_1 r_1 = \frac{50}{9.8} \times 100 = 510.2 \text{ kg} \cdot \text{mm} @ 90°$$
$$m_2 r_2 = \frac{100}{9.8} \times 100 = 1020.4 \text{ kg} \cdot \text{mm} @ 120°$$
$$m_3 r_3 = \frac{50}{9.8} \times 100 = 510.2 \text{ kg} \cdot \text{mm} @ 300°$$

② 各质径积向平衡平面分解

向 Ⅰ 面分解
$$(m_1 r_1)_{\text{Ⅰ}} = m_1 r_1 \times \frac{500}{600} = 425.2 \text{ kg} \cdot \text{mm} @ 90°$$
$$(m_2 r_2)_{\text{Ⅰ}} = m_2 r_2 \times \frac{400}{600} = 680.3 \text{ kg} \cdot \text{mm} @ 120°$$
$$(m_3 r_3)_{\text{Ⅰ}} = m_3 r_3 \times \frac{200}{600} = 170.1 \text{ kg} \cdot \text{mm} @ 300°$$

向 Ⅱ 面分解
$$(m_1 r_1)_{\text{Ⅱ}} = m_1 r_1 \times \frac{100}{600} = 85.0 \text{ kg} \cdot \text{mm} @ 90°$$
$$(m_2 r_2)_{\text{Ⅱ}} = m_2 r_2 \times \frac{200}{600} = 340.1 \text{ kg} \cdot \text{mm} @ 120°$$
$$(m_3 r_3)_{\text{Ⅱ}} = m_3 r_3 \times \frac{400}{600} = 340.1 \text{ kg} \cdot \text{mm} @ 300°$$

在 Ⅰ 面上应添加的平衡质径积为
$$(m_c r_c)_{\text{Ⅰ}x} = -((m_1 r_1)_{\text{Ⅰ}} \cos 90° + (m_2 r_2)_{\text{Ⅰ}} \cos 120° + (m_3 r_3)_{\text{Ⅰ}} \cos 300°)$$
$$= -(425.2\cos 90° + 680.3\cos 120° + 170.1\cos 300°) = 255.1$$
$$(m_c r_c)_{\text{Ⅰ}y} = -((m_1 r_1)_{\text{Ⅰ}} \sin 90° + (m_2 r_2)_{\text{Ⅰ}} \sin 120° + (m_3 r_3)_{\text{Ⅰ}} \sin 300°)$$
$$= -(425.2\sin 90° + 680.3\sin 120° + 170.1\sin 300°) = -866.96$$

$$(m_c r_c)_{\text{Ⅰ}} = 903.7, \quad \theta_{c\text{Ⅰ}} = \arctan\frac{(m_c r_c)_{\text{Ⅰ}y}}{(m_c r_c)_{\text{Ⅰ}x}} = 286.4°$$

在Ⅱ面上应添加的平衡质径积为

$$(m_c r_c)_{\text{Ⅱ}x} = -(m_1 r_1)_{\text{Ⅱ}} \cos 90° + (m_2 r_2)_{\text{Ⅱ}} \cos 120° + (m_3 r_3)_{\text{Ⅱ}} \cos 300°)$$
$$= -(85.0\cos 90° + 340.1\cos 120° + 340.1\cos 300°) = 0$$
$$(m_c r_c)_{\text{Ⅱ}y} = -((m_1 r_1)_{\text{Ⅱ}} \sin 90° + (m_2 r_2)_{\text{Ⅱ}} \sin 120° + (m_3 r_3)_{\text{Ⅱ}} \sin 300°)$$
$$= -(85.0\sin 90° + 340.1\sin 120° + 340.1\sin 300°) = -85$$
$$(m_c r_c)_{\text{Ⅱ}} = 85, \theta_{c\text{Ⅱ}} = \arctan \frac{(m_c r_c)_{\text{Ⅱ}y}}{(m_c r_c)_{\text{Ⅱ}x}} = 270°$$

(6)解:该题属于静平衡问题。为了平衡该转子,应添加的平衡质量的质径积为

$$(m_c r_c)_x = -((m_1 r_1)\cos 0° + (m_2 r_2)\cos 90° + (m_3 r_3)\cos 180° + (m_4 r_4)\cos 270°) = -(10\times 100 - 7\times 200) = 400$$
$$(m_c r_c)_y = -((m_1 r_1)\sin 0° + (m_2 r_2)\sin 90° + (m_3 r_3)\sin 180° + (m_4 r_4)\sin 270°) = -(8\times 150 - 5\times 100) = -700$$
$$m_c r_c = 806.23, \theta_c = \arctan\left(-\frac{700}{400}\right) = -60.26°$$

若对该转子进行增重平衡的话,应在与 x 轴正向呈 $-60.26°$ 的方向添加质径积 $806.23\ \text{kg}\cdot\text{mm}$;而若对该转子进行减重平衡的话,应在与 x 轴正向呈 $119.74°$ 的方向减去质径积 $806.23\ \text{kg}\cdot\text{mm}$。

(7)解:该题属于静平衡问题。假设圆盘厚度为 B,材料的密度为 ρ,则每个挖去的圆孔的质量可表示为

$$M_i = \frac{\pi d_i^2}{4} B\rho = \frac{\pi B\rho}{4} d_i^2$$

因为所有质量块的厚度和材料密度都相等,故在计算中可以都省略。

因此,为了平衡该转子,应添加的平衡质量的质径积为

$$(m_c r_c)_x = -\frac{\pi B\rho}{4}(d_1^2 R_1)\cos 0° + (d_2^2 R_2)\cos 60° + (d_3^2 R_3)\cos 150° + (d_4^2 R_4)\cos 210°)$$
$$= -\frac{\pi B\rho}{4}(40^2\times 120 + 60^2\times 100\ \cos 60° + 50^2\times 110\ \cos 150° + 70^2\times 90\ \cos 210°) = 248\ 074.19\ \frac{\pi B\rho}{4}$$
$$(m_c r_c)_y = -\frac{\pi B\rho}{4}(d_1^2 R_1)\sin 0° + (d_2^2 R_2)\sin 60° + (d_3^2 R_3)\sin 150° + (d_4^2 R_4)\sin 210°)$$
$$= -\frac{\pi B\rho}{4}(60^2\times 100\ \sin 60° + 50^2\times 110\ \sin 150° + 70^2\times 90\ \sin 210°) = -228\ 769.15\ \frac{\pi B\rho}{4}$$
$$m_c r_c = 337\ 455.37, \theta_c = \arctan\left(-\frac{700}{400}\right) = -42.68°$$

若对该转子进行减重平衡的话,应在与 x 轴正向呈 $-89.94°$ 的方向减去质径积 $228\ 769.28\ \text{kg}\cdot\text{mm}$;而若对该转子进行增重平衡的话,应在与 x 轴正向呈 $90.06°$ 的方向添加质径积 $228\ 769.28\ \text{kg}\cdot\text{mm}$。

(8)解:该题目属于静平衡问题,建立如图所示的直角坐标系,转动中心 O 为原点。

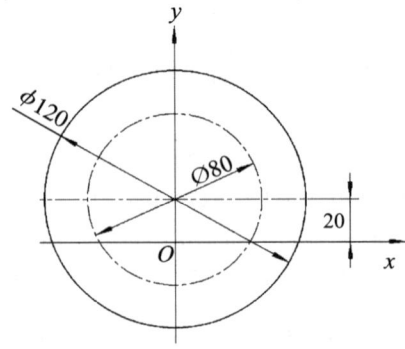

①绕 O 点转动的话,总体不平衡质量就是转子的质量,位置在几何中心,因此该转子总体不平衡质径积为

$$me = \frac{\pi d^2 \delta \rho}{4} r = \frac{\pi \times 120^2 \times 15 \times 10^{-9} \times 7\,800}{4} \times 20 = 24.46 \text{ kg} \cdot \text{mm} @ 90°$$

②去重法进行静平衡的平衡质径积为

$$m_c r_c = mr = \frac{\pi d^2 \delta \rho}{4} r = \frac{\pi \times 120^2 \times 15 \times 10^{-9} \times 7\,800}{4} \times 20 = 24.46 \text{ kg} \cdot \text{mm} @ 90°$$

根据题意,要在半径为 40 mm 的圆上钻孔去重,即 $r_c = 40 + 20 = 60$ mm,设钻孔的直径为 Δ_c,有

$$m_c r_c = \frac{\pi \Delta_c^2 \delta \rho}{4} r_c = \frac{\pi \times \Delta_c^2 \times 15 \times 10^{-9} \times 7\,800}{4} \times 60 = 24.46 \text{ kg} \cdot \text{mm} @ 90°$$

解得 $\Delta_c = 69.3$ mm。

即在与 y 轴正向距 O 点 60 mm 的地方挖去直径为 69.3 mm 的孔。

(9)解:该题属于静平衡问题。设转子原来的总体不平衡质径积为 $m_0 r_0$,方向与 x 轴正向呈 θ_0 角度,则根据转子的静平衡条件,有

$$m_0 r_0 + m_1 r_1 + m_2 r_2 = 0$$

其中,$m_1 r_1 = 1 \times 30 = 30 @ 90°$,$m_2 r_2 = -0.8 \times 30 = -24$ kg·mm @ 0°

因此,$m_0 r_0 = 38.42$ kg·mm @ 308.66°

根据题意,原偏心质量离圆心 0.3mm,即 $R_0 = 0.3$mm,故偏心质量的大小为

$$m_0 = 128.07 \text{ kg}$$

(10)解:该题也属于静平衡问题,根据静力平衡条件有

$$m_I r_I + m_{II} r_{II} + m_c r_c = 0$$

其中

$$m_I r_I = \rho \times \frac{\pi \varphi^2 b}{4} \times r_i = 7.8 \times 10^{-3} \times \frac{\pi \times 30^2 \times 30}{4} \times 100 \times 10^{-3} = 16.54 \text{ kg} \cdot \text{mm} @ 135°(减重)$$

$m_{II} r_{II} = 0.3 \times 20 = 6$ kg·mm @ 210°(增重)

因此,$m_c r_c = 16.07$ kg·mm @ 293.86°

根据题意,$r_c = 200$,故

$m_c = 0.08035$ kg,孔的直径 $d = 20.9$ mm

第 5 章 平面连杆机构及其设计

5.5.1 概念题

(1)a,b 或 d。 (2)0,90。

(3)和机架共线,摇杆,曲柄和连杆共线,0。 (4)余,差。

(5)逆时针,与导路垂直且 B 在最高点,两,AB 与 BC 拉直共线,AB 与 BC 重合共线。

(6)A、B。 (7)A、B。

(8)曲柄摇杆机构、摆动导杆机构、偏置曲柄滑块机构。

(9)12.56°。 (10)0,无。 (11)机构倒置。

5.5.2 综合题

(1)解:①因为 $l_{BC}>l_{AB}+e$,故 AB 能整周回转。

②在直角三角形 AC_1D 中,
$$C_1D = \sqrt{(AC_1)^2 - (AD)^2} = 48.990 \text{ mm}$$

在直角三角形 AC_2D 中,$C_2D = \sqrt{(AC_2)^2-(AD)^2} = 89.443$ mm

所以
$$H = C_1C_2 = C_2D - C_1D = 40.453 \text{ mm}$$

③压力角最大的位置就是传动角最小的时刻,如下图所示
$$\gamma_{min} = 90° - \arcsin\frac{20+10}{70} = 64.623°$$

④若曲柄应逆时针转动,传动角最大时即压力角最小,当曲柄与连杆的铰链点 B 落在移动副导路上时(B_3 点和 B_4 点),连杆与导路重合,此时 $\alpha=0°$,$\gamma=90°$,最大。

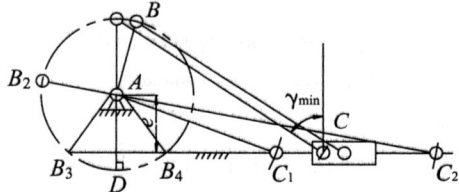

(2)解:①因为该机构的行程速比系数 $k=1$,故无急回特性。

②如图所示

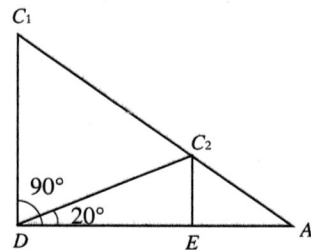

设:$l_{AB} = a$,$l_{BC} = b$,$l_{CD} = c$,$l_{AD} = d$

由题意可知,$AC_1=a+b$,$AC_2=b-a$,$\angle C_2DA = 20°$,则 $\angle DC_2C_1 = \angle DC_1A = 55°$

所以 $b+a=AC_1 = \dfrac{DC}{\cos\angle DC_1A} = \dfrac{150}{\cos 55°} = 261.53$

$d=AD=DC_1 \times \tan\angle DC_1A = 150\times\tan 55° = 214.22$

利用余弦定理可得

$b-a=AC_2 = \sqrt{(DC_2)^2+(AD)^2-2\times(DC_2)\times(AD)} = \sqrt{150^2+214.22^2-2\times150\times214.22\times\cos\angle C_2DA} = 89.44$

因此,
$$a=86.5 \text{ mm},b=175.5 \text{ mm},c=150 \text{ mm},d=214.22 \text{ mm}$$

(3)解:①该机构的极位夹角为
$$\theta = \frac{k-1}{k+1}\times 180° = \frac{1.25-1}{1.25+1}\times 180° = 20°$$

作图求解过程如下:

ⓐ作摆杆的两极限位置 DC_1 和 DC_2,且 $\angle C_1DC_2 = \varphi = 60°$;

ⓑ连接 C_1C_2,作直角 $\triangle C_2EC_1$,使得 $\angle C_2EC_1 = \theta = 20°$;
ⓒ作上述三角形的外接圆,则 A 点在外接圆上;
ⓓ以 D 为圆心,AD 长为半径画圆,其与外接圆的交点就是所求的 A 点。
经测量 $AC_1 = 50$ mm,$AC_2 = 83$ mm。
因为 $AC_1 = BC - AB$,$AC_2 = BC + AB$,
解得,
$$l_{BC} = BC = 66.5 \text{ mm}, l_{AB} = AB = 16.5 \text{ mm}$$

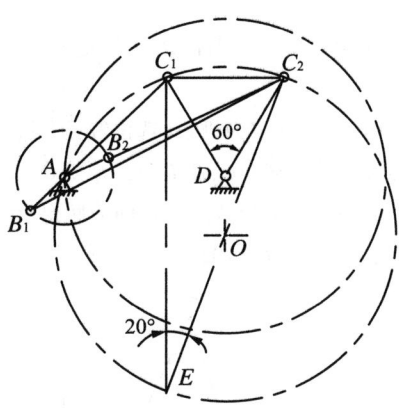

② 如下图所示,以 A 为圆心,AB 长为半径画圆,交 AD 连线于 B_3、B_4 点;再分别以 B_3、B_4 为圆心,BC 长为半径,画圆,以 D 为圆心,DC 为半径画圆,两圆的交点为 C_3、C_4 点,最大压力角存在于这两种情况下。经测量,$\angle B_3C_3D$ 为最大压力角,且 $\alpha_{\max} = 80°$。

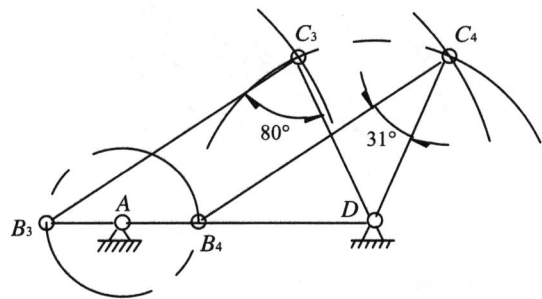

(4)解:① 因为 $AB + BC < CD + AD$,满足杆长条件,所以构件 AB 可以整周回转。
② 作出铰链四杆机构 $ABCD$ 的两极限位置,此时,右侧的滑块机构也处在两极限位置,而 F_1F_2 就是行程 H,如下图所示。经测量,$H = 43.62$ mm。

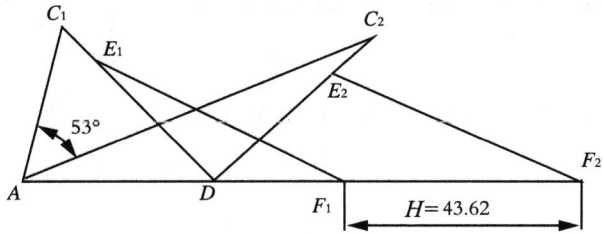

③ 由上图测得极位夹角 $\theta = 53°$,故,$k = \dfrac{180° + \theta}{180° - \theta} = 1.83$。

④如下图,当 CD 垂直于 AD 时,机构 DEF 出现最大压力角。经测量,$\alpha_{\max} = 45°$。

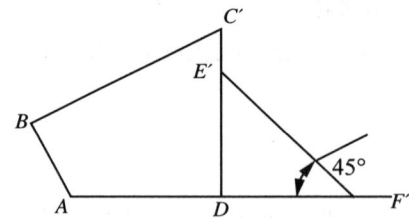

⑤滑块 F 的慢行程方向向右。

(5)解:此题是已知连架杆的两个对应位置,以及连架杆 DC 上铰链 C,且 AB 杆的两个方位线也已知。作图法求解过程如下:
①采用机构倒置,如下图所示,将构件 AB 固定为机架(选位置 AB_1),AD 杆释放为连架杆;
②连接 AB_2C_2,将 $\triangle AB_2C_2$ 绕 A 点顺时针旋转 90°,使 B_2 与 B_1 重合,C_2 点变换到的 C'_2;
③连接 $C_1C'_2$,并作其中垂线 n-n,其与 AB_1 方位线的交点即为所要求的 B_1 点;
④从而得到四杆机构 ABCD,其中,AB = 20,BC = 102。

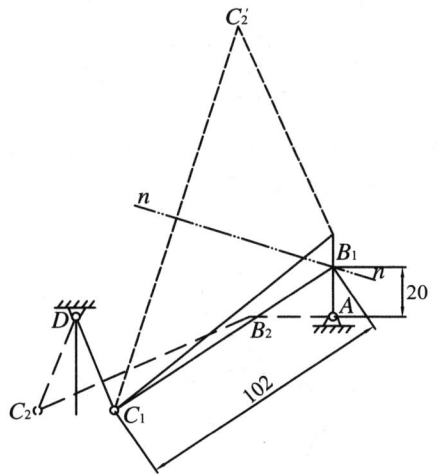

(6)解:①如图所示,
第一步,任选一位置绘制机架 AC = 600 mm;
第二步,绘制摆杆的两极限位置 CB_1 和 CB_2,且 $\angle B_1CB_2 = 60°$;
第三步,过点 A 作圆与 CB_1 和 CB_2 相切,切点分别为 B_1、B_2,AB_1 即为曲柄,由几何关系可得 $AB_1 = 300$ mm。
②该机构的极位夹角 $\psi = \theta = 60°$,故有急回运动特性,且 $k = \dfrac{180° + 60°}{180° - 60°} = 2$。
③从 AB_1 顺时针转到 AB_2 为工作行程,从 AB_2 顺时针转到 AB_1 为空回行程。

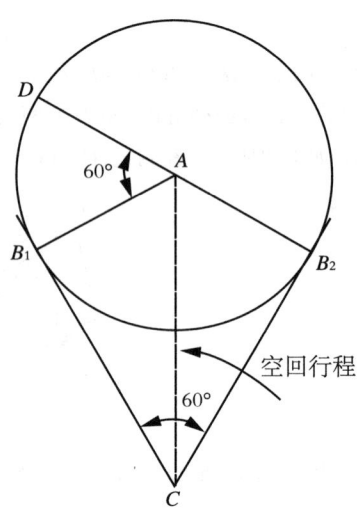

(7)解:①如图所示,作导杆的两极限位置,则 $\angle B_2CB_1 = \theta$。

$$k = \frac{180° + \theta}{180° - \theta}$$

②机构的传动角是作用于输出构件上的力与力的作用点绝对速度之间的夹角。该机构中,滑块2为输出构件,其与构件4的铰链点 E 是受力点,且 E 点的速度沿竖直方向。故图示位置机构的传动角为 $\angle CED$ 的余角,即 $\gamma = 90° - \angle CED$。

③当导杆处于两极限位置时,D 点处于 D_1、D_2,此时 $H = D_1D_2 = E_1E_2$。

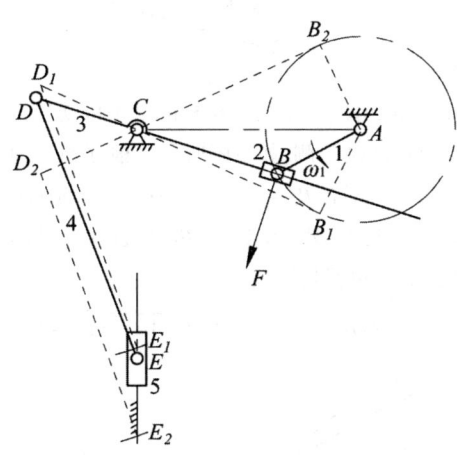

(8)解:根据题意作图如下:

①连接 B_2B_1,作其中垂线 $n-n$,A 点在 $n-n$ 上;
②已知 B_2C_2 为死点位置,此时 C_2D 处于竖直位置,且摇杆 CD 是主动件,因此,此时 AB_2C_2 三点共线,即 A 点在 B_2C_2 上;
③延长 B_2C_2,与中垂线 $n-n$ 的交点即为 A 点;
④连接 C_2C_1,作其中垂线 $m-m$,D 点应在 $m-m$ 上;
⑤而 C_2D 处于竖直位置,故 $m-m$ 与 C_2D 的交点即为所要求的 D 点。

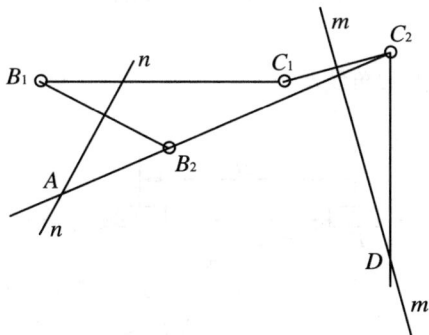

(9)解:①如图所示,作摆杆 CD 的两极限位置 DC_1 和 DC_2,此时 AB 两位置 AB_1 与 AB_2 所夹的锐角即为极位夹角 $\theta = \angle B_1AC_2$,

$$k = \frac{180° + \theta}{180° - \theta}$$

②传动角如下图所示。

③如下图所示,当摆杆处于两极限位置时,滑块也处在两极限位置。此时,F点所处的两个位置之间的距离即为$H(=F_1F_2)$。

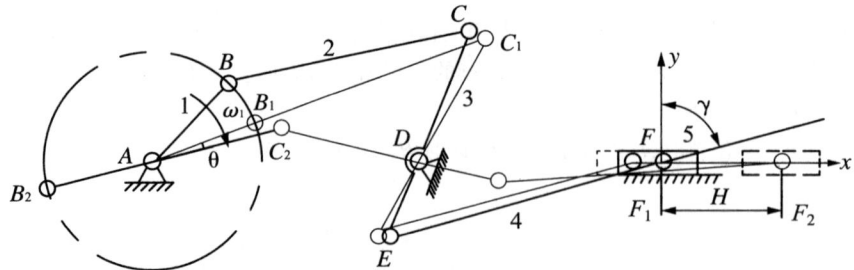

(12)解:取长度比例尺$\mu=0.002$ m/mm 作图,曲柄滑块机构的最小传动角出现在压力角最大时刻,即曲柄AB与移动副导路垂直,且B点远离移动副一侧,如下图所示。根据题意,此时$\angle BCD=\alpha_{max}=90°-60°=30°$,$D$为$AB$延长线与移动导路的交点。则有$BC=2\times(AB+AD)=2\times(50+20)=140$ mm。

设当AB、BC重叠共线时,滑块在最近C_1处,当AB与BC拉直共线时,滑块在最远C_2处,C_1、C_2的距离就是滑块的行程,AC_1与AC_2所夹的锐角就是极位夹角。

$$H=\sqrt{(AB+BC)^2-E^2}-\sqrt{(BC-AB)^2-E^2}=101.19 \text{ mm}$$

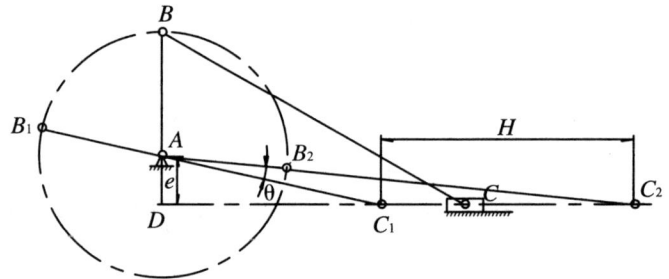

(13)解:①如图所示,作出导杆的极限位置,测出极位夹角$\theta=44°$,所以$k=\dfrac{180°+\theta}{180°-\theta}=1.6$。

②当导杆处于极限位置时,滑块也处于左右极限位置,铰链点F_1、F_2之间的距离即为行程,测得$H=F_1F_2=44$mm。

③当滑块处于F_1、F_2位置时,压力角最大。

④曲柄AB应逆时针旋转。

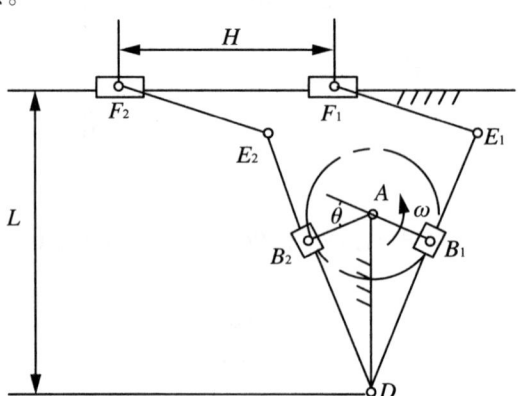

(14)解:①机构的极位夹角为
$$\theta = 180° \frac{k-1}{k+1} = 60°$$
即滑块在左右两极限位置时,BC 两个位置之间的夹角是 60°。因为 ADE 是对心曲柄滑块机构,因此 E 的极限位置对应的就是 D 点在移动副导路上的时刻。由于 ABC 是转动导杆机构,因此,极限位置时,C 点应位于图中虚线所示的位置 C_1、C_2。即 C、D 同时位于移动副导路上。且
$$\varphi_2 = 60°$$
则
$$l_{BC} = \frac{l_{AB}}{\cos(\varphi_2/2)} = \frac{50}{\cos(30°)} = 57.53 \text{ mm}$$

②当 $l_{BC} = 150$ mm 时,
$$\varphi_2 = 2\arccos\frac{AB}{BC} = 2\arccos\frac{50}{150} = 141.06°$$
极位夹角 $\theta = 180° - 141.06° = 38.94°$
$$k = \frac{180° + 38.94°}{180° - 38.94°} = 1.552$$

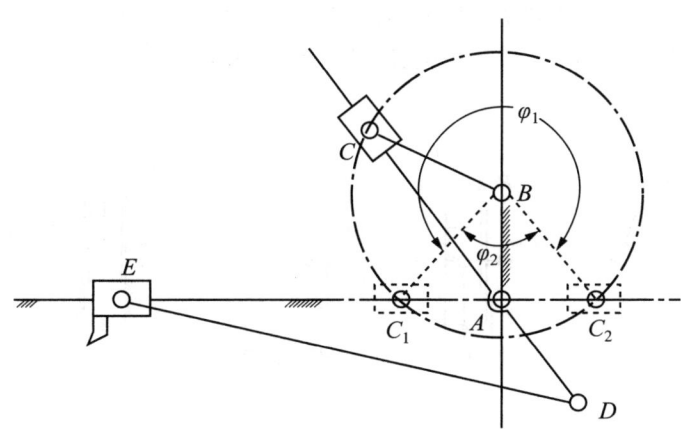

(15)解:①由题意知,ABC 为摆动导杆机构,且 $k=2$,CDE 为对心摇杆滑块机构,所以当 E 点在行程的上下极限位置时,AB 杆的极位夹角为
$$\theta = 180°\frac{k-1}{k+1} = 60°$$
如图所示,作直线 AC,过点 C 作两条射线 Cn_1 和 Cn_2,夹角为 $\varphi = \theta = 60°$;再以点 A 为圆心,作 Cn_1、Cn_2 内切圆,切点为 B_1、B_2,测量得 $AB = 25$ mm。
当摆杆处于两极限位置时,滑块的位移即为 D 点在竖直方向的位移,即
$$H = D_1D_2 = 2CD \cdot \sin 30° = 40 \text{ mm}$$

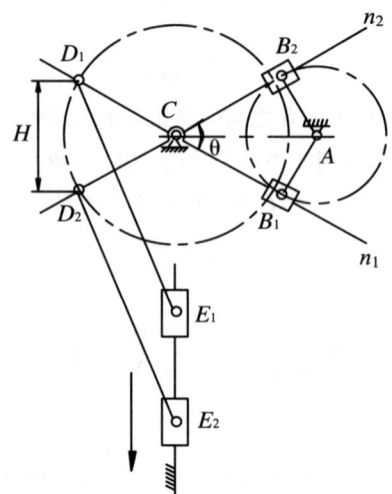

②若向下为工作行程的话，曲柄应逆时针旋转。

(16)解：在对工件进行加工时，夹臂为输入构件，活塞为输出构件，工件作用在夹臂上的力是驱动力。当连杆 BC 与气缸垂直，活塞上铰链点 C 的速度方向与 BC 杆作用在 C 点的力的方向相互垂直，即 $\alpha = 90°$，故夹具理论上自锁。而活塞再向上移动一点距离后，由图(c)可知，BC 杆作用在 C 点的力有使活塞向上移动的分力，即使此时气缸停止供气，活塞也不会向下运动。因此，C 点再向上移动一点距离的目的就是为了增强夹紧的可靠性。

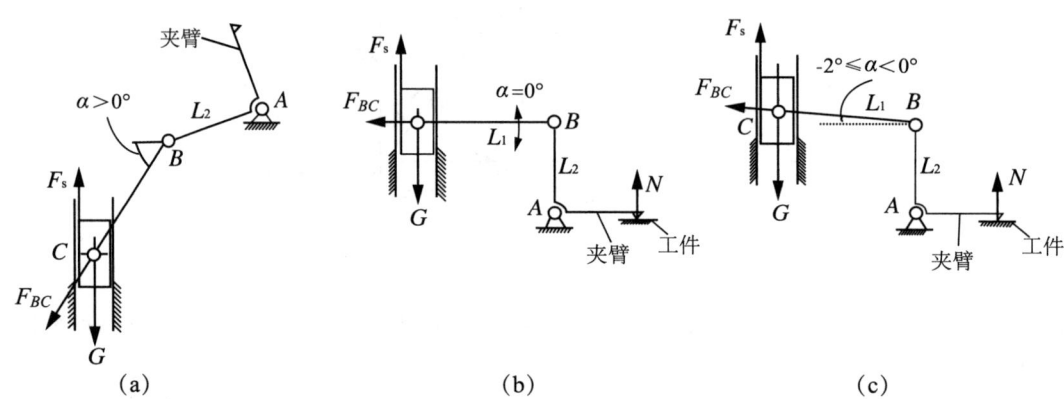

(a)　　　　　　　　　(b)　　　　　　　　　(c)

(17)解：由题意知，机构的极位夹角 $\theta = \dfrac{k-1}{k+1} \times 180° = 10°$，且摆杆 DC 在左极限位置时，$DC_1$ 与水平方向夹角为 45°，滑块在右极限位置，并位于 D 点的正上方。

①求解曲柄摇杆机构　连接 AC_1，根据题意，此时

$$l_{AC_1} = l_{BC} - l_{AB}$$

过 A 点作与 AC_1 逆时针方向呈 10°(极位夹角)夹角的辅助线，C_2 点应该在此线上；与以 D 为圆心，l_{DC} = 350 mm 为半径的圆弧相交，有两个交点，离 A 点较远的交点就是 C_2 点。

图上测得 $l_{BC} - l_{AB} = l_{AC_1} = 560$ mm，$l_{BC} + l_{AB} = l_{AC_2} = 1\,000$。

则 $l_{BC} = 780$ mm，$l_{AB} = 220$ mm，$\varphi = \angle C_1DC_2 = 82°$。

②求解摆杆滑块机构滑块的行程 等于 E 点在两极限位置的距离。

已知滑块及铰链点 F 的两个极限位置 F_1 和 F_2，和摆杆的两个极限位置 DE_1、DE_2 的方位，用机构倒置的方法求解该摆杆滑块机构。过程如下：

ⓐ在 DE 上任取一点 K，将左极限位置对应的 D、K_2、F_2 三点连接起来；

ⓑ固定 DK_1 为机架，将 $\triangle DK_2F_2$ 绕 D 点顺时针旋转，使 DK_2 与 DK_1 重合，则得到 F'_2 点；

ⓒ作 F_1、F'_2 连线的垂直平分线，其与 DK_1 的交点即是 E_1 点；

ⓓ图上测得，DE_1 = 487 mm，E_1F_1 = 377 mm。

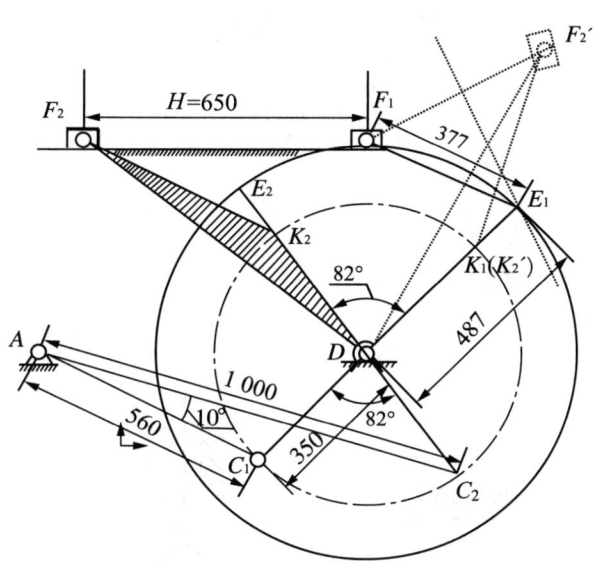

 第 6 章　凸轮机构及其设计

6.5.1　概念题

(1)增大基圆半径、改变从动件偏置方向、滚子从动件变为平底从动件。

(2)速度，加速度，刚性，柔性。　(3)A，B。

(4)120°，等速(一次多项式)，B、C、D。

(5)减小；采用正确的偏置方式。

(6)力，几何(形)。

(7)刚性，避免柔性冲击和刚性冲击。

(8)②没有，改善摩擦状态，防止凸轮磨损导致运动不准确。

(9)推程的开始、结束瞬时及回程的开始、回程结束瞬时，柔性；加速度，推程开始和回程结束时刻。

(10)凸轮转动中心，理论。　(11)30°；0°。

(12)等速(或称一次多项式)，余弦加速度、二次多项式、五次多项式、正弦加速度。

(13)两条廓线之间的法向距离相等。减小。

(14)减小推程压力角。

(15)刚性和柔性。　16)小。①容易。

(17)增大基圆半径(或减小滚子半径)。

(18)B.　19)A、D。

6.5.2 综合题

（1）解：①该凸轮机构为尖顶直动从动件凸轮机构，所以基圆半径应是从凸轮转动中心到理论廓线的最短距离。连接转动中心 O 与凸轮的几何中心 C，连线 OC 与凸轮廓线有两个交点，分别是 M 和 N，升程 h 如下图所示。

②压力角如图所示。

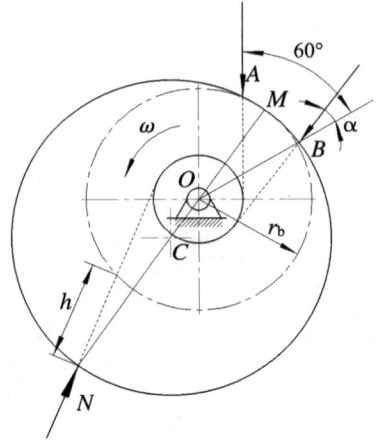

（2）解：如下图所示。

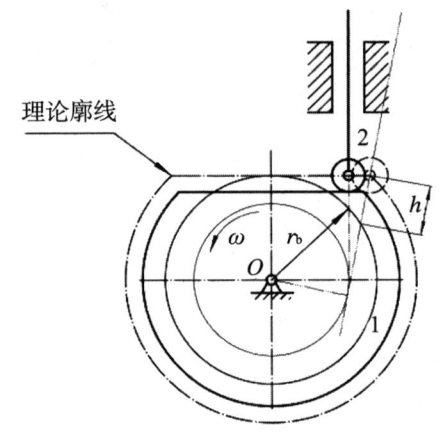

（3）解：如下图所示。

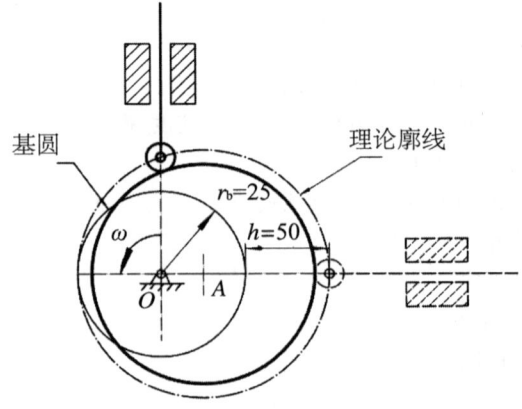

(4)解:如下图所示。

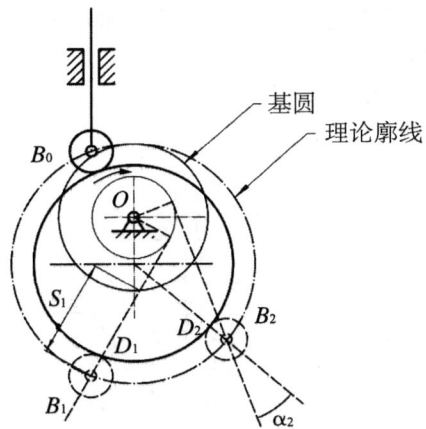

(5)解:①②如下图所示。

③行程如图所示,作图需要先找到理论廓线上离基圆最远处的点 B,再过 B 点作偏距圆的切线(注意正确的切向),切点 B。BB_0 的长度即为行程。

④如图所示。

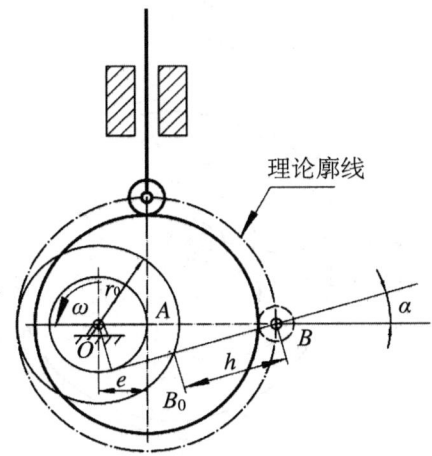

(6)解:①压力角如下图所示,最大压力角在回程,最小压力角在推程。

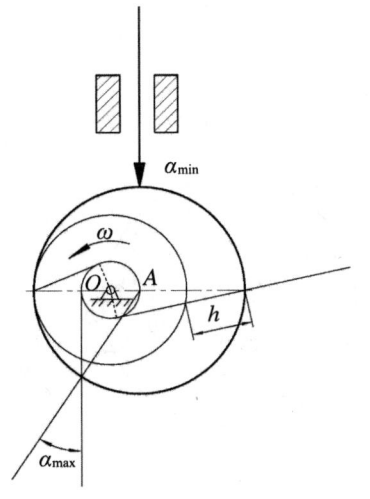

②运动规律变化。因为理论廓线变了(在原来基础上增加了滚子半径),所以从动件的运动规律发生改变。
③行程 h 如图所示。作图时需要先找到理论廓线上离基圆最远处的点,再作偏距圆的切线,然后在该线上取基圆到理论廓线的距离,即为行程。
④最大压力角的数值不变,只是此时最大压力角发生在推程。

(7)解:如下图所示。

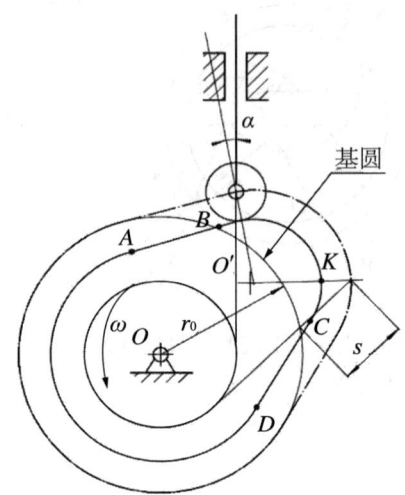

(8)解:如下图所示。

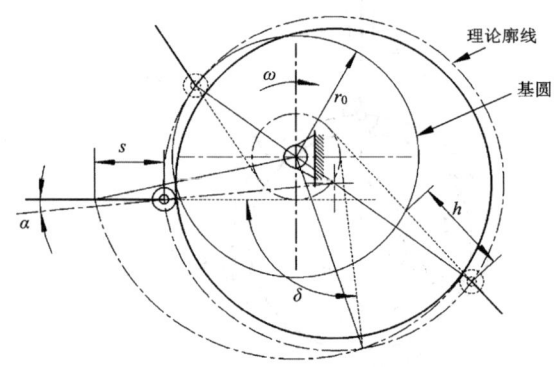

(9)解:如下图所示。

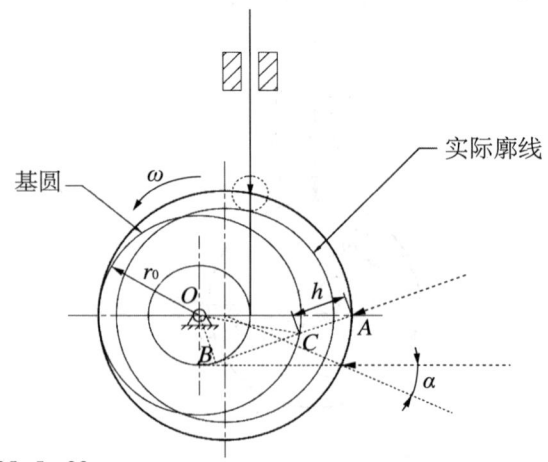

①基圆如上图所示,$r_0 = 25-5 = 20$ mm。

②由上图可知,在直角三角形 AOB 中,$OA=25+5=30$ mm,$OB=10$ mm,所以可求得 $AB=28.28$ mm。同理,在直角三角形 BOC 中,$AC=r_0=20$ mm,$OB=10$ mm,可得 $BC=17.32$ mm,所以 $h=AB-BC=10.96$ mm。

③$\alpha=\arcsin\dfrac{10}{25}=23.58°$。

④实际廓线如上图所示,是以 O 为圆心半径为 $25-2=23$ mm 的圆。

(10)解:①如图所示。

②行程如图所示,经测量得,$h=40$ mm。

③压力角如图所示。

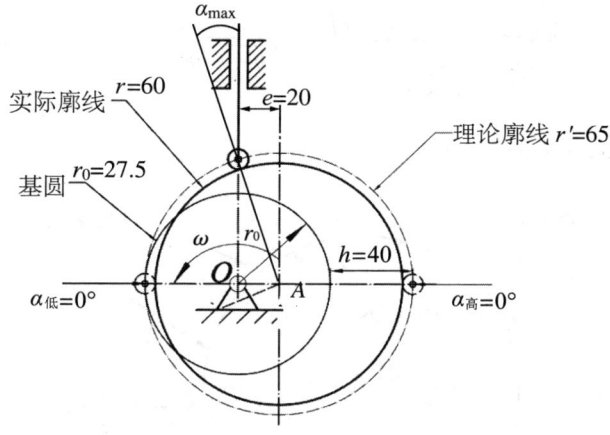

④如上图所示,所以最大压力角为 $\alpha_{\max}=\arcsin\dfrac{20}{65}=17.9°$。

(11)解:①如下图所示。

②从位移线图可以判断,从动件的推程和回程采用的都是等速运动规律,且远休止角和近休止角都不为零,因此有速度突变,故有刚性冲击,冲击点分别在推程和回程的起始和结束时刻,共四处。

③因为该机构从动件已经采用正偏置了,所以要减小推程压力角的话,可以采用增大基圆半径的方式。

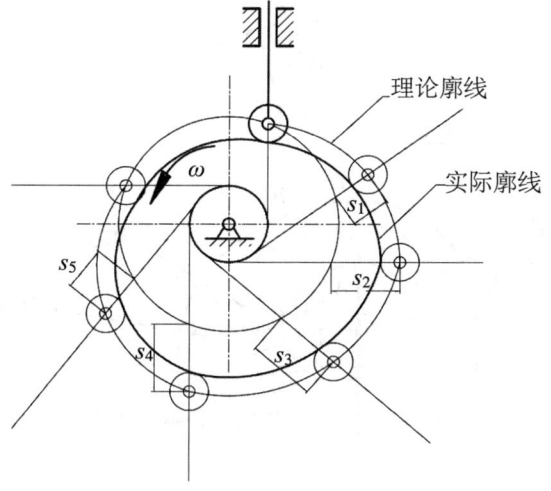

(12) 解：①②③如下图所示。

④因为是对心直动从动件，所以推程和回程运动角都是180°。

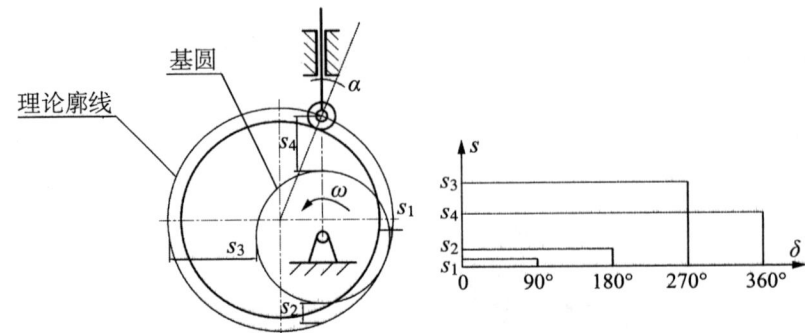

(13) 解：①~④如下图所示；⑤不存在远休止。

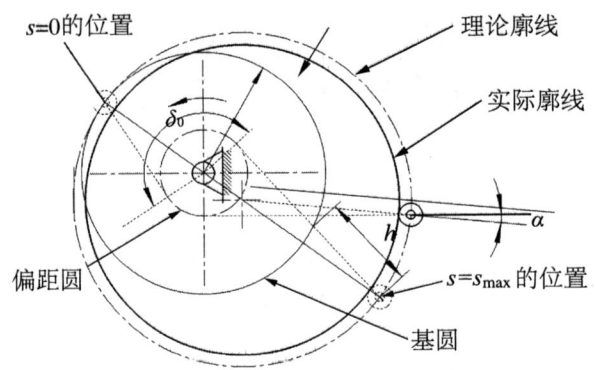

(14) 解：①~④如下图所示。

⑤提示：实际廓线是比理论廓线小5 mm的等距线。

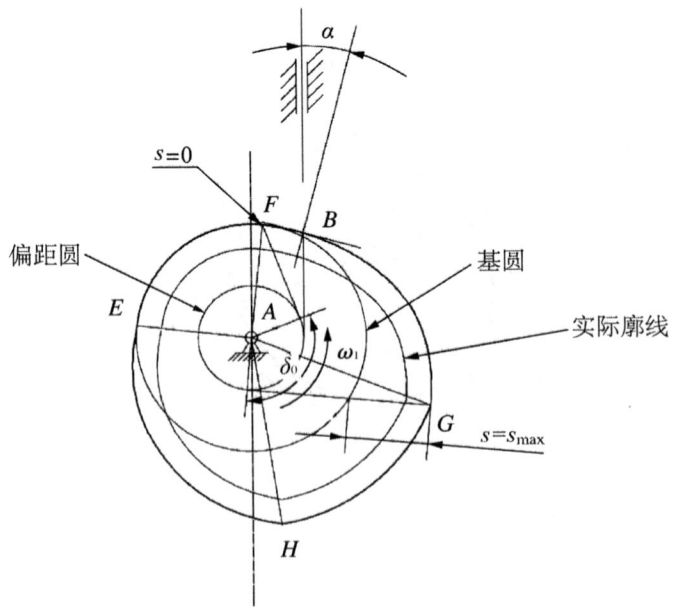

(15) 解:①~③如下图所示。

④设滚子半径为 r,为了保持从动件运动规律不变,则需要原凸轮廓线每处沿法线方向取出 r 厚度的材料。又因为原凸轮是一个偏心圆(半径设为 R),故凸轮的实际廓线是半径为 $R-r$ 的圆。如图所示。

⑤最大压力角的位置如图所示。

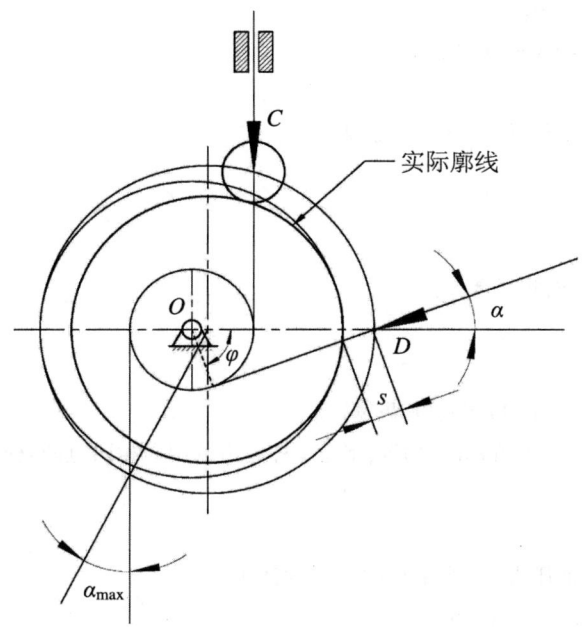

(16) 解:如下图所示。

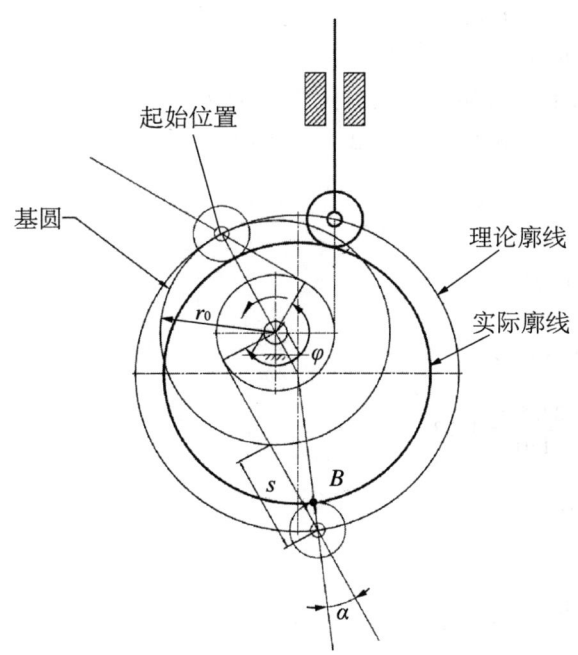

(17) 略。

第7章　齿轮机构及其设计

7.5.1 概念题

(1) 过齿廓啮合点的公法线与连心线交点的位置不变。

(2) 相等,相等,不变,变大,节圆。

(3) 通过蜗杆轴线且与蜗轮轴线垂直的平面。

(4) 2,20°,9°11′30″,左旋。

(5) 上,削弱齿根强度。采用正变位或用斜齿轮、锥齿轮。

(6) $\dfrac{Z}{\cos^3\beta}$,$z \geqslant 17(\cos\beta)^3$。端。

(7) 锥齿轮,蜗轮蜗杆。

(8) $0.84p_b$,增加。重合度1.5,将②增大。

(9) 节点,P 为固定点。

(10) 齿轮分度圆上的压力角。

(11) 基圆。　(12) 平稳性。　(13) 螺旋角,齿宽。

(14) 中间平面内参数(模数、压力角)分别相等,蜗轮蜗杆轮齿的旋向相同,且蜗杆的导程角 γ 等于蜗轮的螺旋角 β。

(15) 变大,减小,不变。

(16) ①法面模数相等;②法面压力角相等;③螺旋角等值反向。

(17) 0,节圆。　(18) 传动比。　(19) 0。

(20) 大于。　(21) 增加。　(22) 大,大。

(23) 恒定;不变;运动可分性。　(24) 齿数。

(25) 等于,压力角。　(26) ②传动比。

(27) C。　(28) C,B。　(29) C,D。　(30) B。　(31) C。　(32) C。

(33) B。　(34) D。　(35) B。　(36) C。　(37) B。　(38) B。

7.5.2 综合题

(1) 解:因为 $\theta_K = \tan\alpha_K - \alpha_K$,故有

$$\alpha_1 = 15°, \theta_{K1} = \tan\frac{\pi}{12} - \frac{\pi}{12} = 0.35°$$

$$\alpha_2 = 20°, \theta_{K2} = \tan\frac{\pi}{9} - \frac{\pi}{9} = 0.85°$$

$$\alpha_3 = 22.5°, \theta_{K3} = \tan\frac{22.5\pi}{180} - \frac{22.5\pi}{180} = 1.23°$$

$$\alpha_4 = 45°, \theta_{K4} = \tan\frac{\pi}{4} - \frac{\pi}{4} = 12.3°$$

(2) 解:①

$$a = \frac{m(z_1+z_2)}{2} = \frac{5\times(19+42)}{2} = 152.5 \text{ mm}$$

$$d_{b1} = d_1 \cdot \cos\alpha = 95\cos 20° = 89.27 \text{ mm}$$

$$d_{b2} = d_2 \cdot \cos\alpha = 210\cos 20° = 197.34 \text{ mm}$$

因为这对齿轮是正确安装,故
$d_1' = d_1 = 95$ mm
$d_2' = d_2 = 210$ mm
$d_{a1} = d_1 + 2h_a^* m = 95 + 10 = 105$ mm
$d_{a2} = d_2 + 2h_a^* m = 210 + 10 = 220$ mm

② 如下图所示,两齿轮基圆的内公切线与其连心线的交点即是节点 P;该内公切线与基圆的切点 N_1、N_2 之间的连线是理论啮合线;该内公切线与两齿轮齿顶圆的交点 B_1、B_2 之间的连线是实际啮合线;齿顶圆压力角 α_{a1} 及节圆压力角见图。

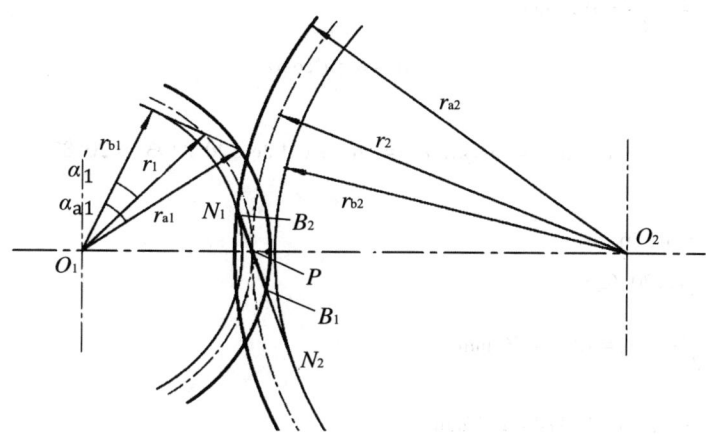

(3) 解:因为 $a = \dfrac{m_n(z_1+z_2)}{2\cos\beta} = \dfrac{4(z_1+z_2)}{2\cos\beta} = 120$,且 $i_{12} = \dfrac{z_2}{z_1} = 2$

所以 $z_1 = 20\cos\beta°$

按题意 $\beta < 20°$,则
$$z_1 > 20\cos 20° = 18.79$$

不妨取 $z_1 = 19, z_2 = 38$,则
$$\beta = \arccos\left(\dfrac{19}{20}\right) = 18.195°$$

(4) 解:
$$a = \dfrac{m_n(z_1+z_2)}{2\cos\beta} = \dfrac{4 \times (39+109)}{2\cos\beta} = 300$$
$$\beta = 9.367°$$

(5) 解:①~⑤略

⑥ $r_{a2} = \dfrac{mz_2}{2} + h_a^* m = 145$ mm

$$r_2 = \dfrac{mz_2}{2} = 140 \text{ mm}$$

$$r_{b2} = r_2 \cos\alpha = 131.56 \text{ mm}$$

因此
$$\alpha_{a2} = \arccos\left(\dfrac{r_{b2}}{r_{a2}}\right) = \arccos\left(\dfrac{131.56}{145}\right) = 24.864°$$

$$\rho_{a2} = \sqrt{r_{a2}^2 - r_{b2}^2} = 60.967 \text{ mm}$$

(6)解:斜齿轮当量齿数 $z_v = z/\cos^3\beta$,要使其不发生根切,需要

$$z_v = z/\cos^3\beta \geq 17$$

即 $\cos^3\beta \leq 12/17, \beta \geq 27.08°$

当 $\beta = 27.08°$ 时,

$$a = \frac{d_{t1}+d_{t2}}{2} = \frac{m_t(z_1+z_2)}{2} = \frac{m_n(z_1+z_2)}{2\cos\beta} = \frac{5 \times 36}{2 \times 0.89} = 101.08 \text{ mm}$$

(7)解:① $a = \frac{m(z_1+z_2)}{2} = \frac{4 \times 96}{2} = 192 \text{ mm}$

$$a\cos\alpha = a'\cos\alpha'$$

所以

$$\alpha' = \arccos(a\cos\alpha/a') = \arccos(192\cos 20°/193) = 20.8°$$

② $a' = r_1' + r_2' = 193$

$i_{12} = z_2/z_1 = r_2'/r_1' = 60/36$

解得 $r_1' = 72.375, r_2' = 120.625$

③ $r_{a1} = r_1 + h_a^* m = \frac{mz_1}{2} + h_a^* m = 72 + 4 = 76 \text{ mm}$

$r_{a2} = r_2 + h_a^* m = \frac{mz_2}{2} + h_a^* m = 120 + 4 = 124 \text{ mm}$

(8)解:①

$d_1 = mz_1 = 144 \text{ mm}, d_2 = mz_2 = 192 \text{ mm}$

$d_{a1} = d_1 + 2h_a^* m = 160 \text{ mm}, d_{a2} = d_2 + 2h_a^* m = 208 \text{ mm}$

$d_{f1} = d_1 - 2m(h_a^* + c^*) = 124 \text{ mm}, d_{f2} = d_2 - 2m(h_a^* + c^*) = 172 \text{ mm}$

②标准安装时,

$$a = \frac{m(z_1+z_2)}{2} = 168 \text{ mm}$$

$\alpha' = 20°, r_1' = r_1 = 72 \text{ mm}, r_2' = R_2 = 96 \text{ mm}$

③由于 $a'\cos\alpha' = a\cos 20°$,

故啮合角 $\alpha' = \arccos\left(168 \times \frac{\cos 20°}{170}\right) = 21.78°$

又因为

$$i_{12} = z_2/z_1 = r_2'/r_1' = 24/18$$

解得 $r_1' = 72.857, r_2' = 97.143$

(9)解: $\theta_K = \tan\alpha_K - \alpha_K = 0.0149 \text{rad} = 0.854°$

$\widehat{AB} = r_b(\theta_K + \alpha_K) = 60 \times (20 + 0.865) \times \frac{\pi}{180} = 21.85$

$\rho_K = \overline{BK} = r_b \tan\alpha_K = 21.84 \text{ mm} = \widehat{AB}$

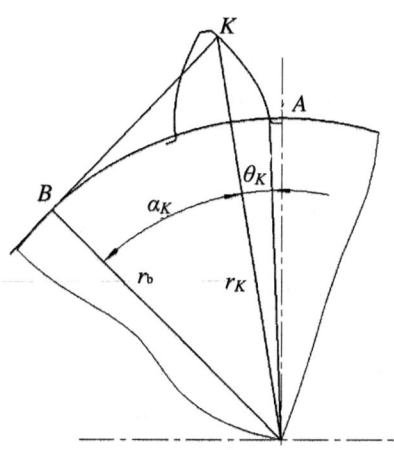

(10) 解：①

$r_{b1} = r_1 \cos 20° = 38 \cos 20° = 35.708$ mm

$r_{b2} = r_2 \cos 20° = 100 \cos 20° = 93.969$ mm

$r_{a1} = r_1 + h_a^* m = 42$ mm

$r_{a2} = r_2 + h_a^* m = 104$ mm

$a = \dfrac{m(z_1 + z_2)}{2} = 138$ mm

②选择适当的比例尺作图如下。

③两基圆的内公切线与基圆的交点分别是 N_1 和 N_2，$N_1 N_2$ 连线与齿轮 2 齿顶圆的交点 B_2 为一对齿廓的起始啮合点，与齿轮 1 齿顶圆的交点 B_1 为一对齿廓的终止啮合点。

④由图测量得 $B_1 B_2 = 19.48$ mm，而齿轮的齿距 $p = \pi m = 12.57$ mm，故重合度为

$$\varepsilon_{测} = \overline{B_1 B_2}/p_b = 1.65$$

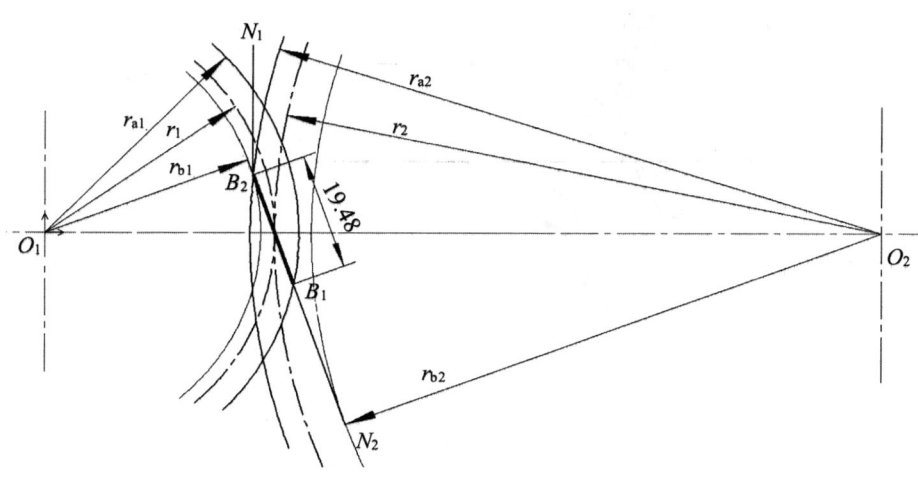

按照理论计算重合度系数

$$\alpha_{a1} = \arccos\left(\frac{r_{b1}}{r_{a1}}\right) = 31.767°, \alpha_{a2} = \arccos\left(\frac{r_{b2}}{r_{a2}}\right) = 25.372°$$

标准安装时,$\alpha' = \alpha = 20°$
因此

$$\varepsilon_{理} = \frac{z_1(\tan\alpha_{a1} - \tan\alpha') + z_2(\tan\alpha_{a2} - \tan\alpha')}{2\pi} 1.649 \text{ mm}$$

$$\frac{|\varepsilon_{理} - \varepsilon_{测}|}{\varepsilon_{理}} = \frac{1.649 - 1.650}{1.649} = 0.03\%$$

⑤此时中心距比原来增加了 4 mm,因此

$$142 = \frac{m_n(z_1 + z_2)}{2\cos\beta} = \frac{4 \times (19 + 50)}{2\cos\beta}$$

$$\beta = 13.632°$$

(11)解:①标准安装

$$r_1' = r_1 = \frac{mz_1}{2} = 70 \text{ mm}, r_2' = r_2 = \frac{mz_2}{2} = 160 \text{ mm}$$

$$r_{b1} = r_1\cos\alpha = 65.778 \text{ mm}, r_{b2} = r_2\cos\alpha = 150.351 \text{ mm}$$

$$p_{b1} = p_{b2} = p\cos\alpha = \pi m\cos\alpha = 11.809 \text{ mm}$$

②理论啮合线、实际啮合线如下图所示。两齿轮基圆内公切线与基圆的切点 N_1、N_2 之间的连线是理论啮合线;该内公切线与两齿轮齿顶圆的交点 B_1、B_2 之间的连线是实际啮合线。

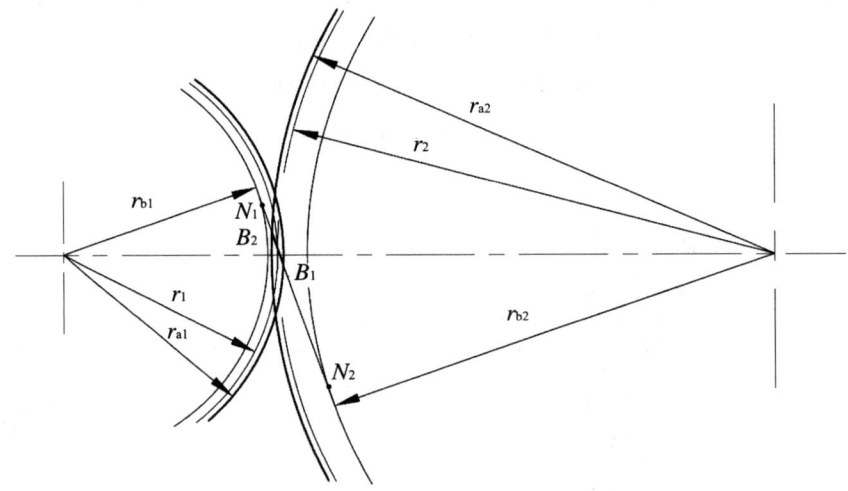

(12)解:①

$$z_2 = iz_1 = 3 \times 19 = 57$$

$$m = \frac{d_1}{z_1} = \frac{28.5}{19} = 1.5$$

$$a = \frac{m(z_1 + z_2)}{2} = 57 \text{ mm}$$

②因为 $a'\cos\alpha' = a\cos 20°$

所以 $\alpha' = \arccos\left(\dfrac{a\cos\alpha}{a'}\right) = 24.792°$

$$r_1' = \dfrac{r_1\cos 20°}{\cos 24.792°} = 14.750 \text{ mm}, r_2' = \dfrac{r_2\cos 20°}{\cos 24.792°} = 44.250 \text{ mm}$$

③略

(13)解:①根据已知条件,有

$$a = \dfrac{m(z_1+z_2)}{2} = 300 \text{ mm}$$

$$i_{12} = 7 = \dfrac{z_2}{z_1}$$

故解得 $z_1 = 15, z_2 = 105$

②两个齿轮的齿数相差悬殊,小齿轮的齿数小于17,故必须采用正变位加工,大齿轮可以不变位、正变位或适当的负变位都行,当然,也可以采用斜齿轮传动。

(14)解:根据已知条件有

$$a = \dfrac{m(z_1+z_2)}{2} = 210 \text{ mm}$$

$$i_{12} = 2.5 = \dfrac{z_2}{z_1}$$

解得 $z_1 = 24, z_2 = 60$

$$r_{a1} = r_1 + h_a^* m = 65 \text{ mm}, r_{a2} = r_2 + h_a^* m = 155 \text{ mm}$$

$$r_{a1}\cos\alpha_{a1} = r_1\cos 20°$$

$$\alpha_{a1} = 29.841°, \alpha_{a2} = 24.580°$$

$$\varepsilon = \dfrac{z_1(\tan\alpha_{a1}-\tan\alpha') + z_2(\tan\alpha_{a2}-\tan\alpha')}{2\pi} = 1.693$$

第8章 轮系及其设计

8.5.1 概念题

(1) 2, 2, 2。
(2) 行星,差动。
(3) 中心轮,系杆,重合且相对机架位置不变。
(4) 转化轮系中 A、B 两齿轮的传动比;A、B 两齿轮传动比。1。
(5) 无,转动方向。
(6) 行星齿轮,系杆。

8.5.2 综合题

(1)解:

①各齿轮转向判断

  a)蜗杆1为左旋,故用左手握住蜗杆1,且四指在蜗杆1与蜗轮2啮合点处指向纸面内,则拇指指向左侧,从而判断蜗轮 2 在啮合点的速度方向指向右侧,即蜗轮 2 顺时针转动。

b) 蜗杆 2′为右旋,故用右手握住蜗杆 2′,四指在蜗杆 2′与蜗轮 3 啮合点处指向下方,此时拇指指向面内,故蜗轮 3 在啮合点处的速度方向指向面外,从而判断蜗轮 3 的转动方向如图所示。

c) 齿轮 4、5 的转向根据外啮合圆柱齿轮转向判断方法而定,齿轮 5 的转向如图所示。

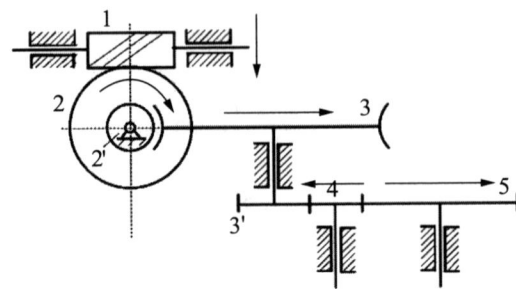

② 传动比计算

运用定轴轮系传动比公式有

$$i_{15}=\frac{n_1}{n_5}=\frac{z_2 z_3 z_4 z_5}{z_1 z_{2'} z_3 z_{3'} z_4}=\frac{z_2 z_3 z_5}{z_1 z_{2'} z_{3'}}=\frac{38\times 60\times 50}{2\times 2\times 25}=1\ 140$$

(2) 解:该轮系为定轴轮系,齿轮 2′、3 之间是外啮合,齿轮 3′和 4 之间是外啮合,故该机构的传动比是

$$i_{14}=\frac{n_1}{n_4}=(-1)^2\frac{z_2 z_3 z_4}{z_1 z_{2'} z_{3'}}=\frac{z_2 z_3 z_4}{z_1 z_{2'} z_{3'}}$$

结果为正值,故齿轮 4 与齿轮 1 转向相同。下图用作图法也得出齿轮 1 与齿轮 4 转向相同的结论。

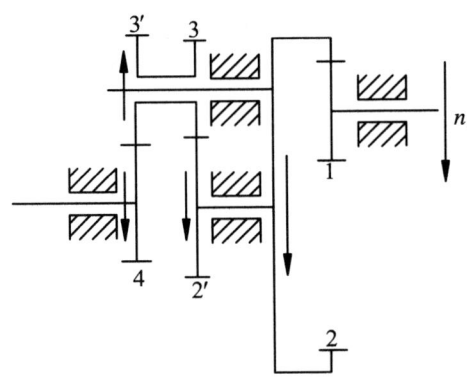

(3) 解:该轮系为双重周转轮系。

① 分清轮系 1-2-3-H_2 构成周转轮系;6′-7-H_2 构成周转轮系;6-5-4-H_1 构成周转轮系

② 分列方程

$$i_{13}^{H_2}=\frac{i_1^{H_2}}{i_3^{H_2}}=\frac{n_1-n_{H_2}}{n_3-n_{H_2}}=-\frac{z_3}{z_1}=-\frac{120}{80}=-\frac{3}{2}$$

$$i_{12}^{H_2}=\frac{i_1^{H_2}}{i_2^{H_2}}=\frac{n_1-n_{H_2}}{n_2-n_{H_2}}=-\frac{z_2}{z_1}=-\frac{20}{80}=-\frac{1}{4}$$

$$i_{6'7}^{H_2} = \frac{i_{6'}^{H_2}}{i_7^{H_2}} = \frac{n_{6'} - n_{H_2}}{n_7 - n_{H_2}} = \frac{z_7}{z_{6'}} = \frac{80}{33}$$

$$i_{46}^{H_1} = \frac{i_4^{H_1}}{i_6^{H_1}} = \frac{n_4 - n_{H_1}}{n_6 - n_{H_1}} = -\frac{z_6}{z_4} = -\frac{1}{5}$$

③根据题意确定其他已知条件

$$n_3 = 0, n_1 = n_A = 1 \text{ r/min}, n_2 = n_{H_1}, n_4 = n_{H_2}, n_6 = n_{6'}$$

解上述方程组得

$$n_B = -5.54 \text{ r/min}$$

(4) 解：由题意可知，该轮系为复合轮系，按以下步骤进行分析。

①分清轮系。1-2-2'-3 和 H 构成周转轮系；3'-4-4'-5 构成定轴轮系。

②分列方程。周转轮系的传动比

$$i_{13}^H = \frac{n_1 - n_H}{n_3 - n_H} = (-1)^2 \frac{z_2 z_3}{z_1 z_{2'}}$$

解得 $n_3 = 0.1$ r/min

定轴轮系传动比

$$i_{3'5} = \frac{n_{3'}}{n_5} = \frac{z_4 z_5}{z_{3'} z_{4'}} = \frac{36 \times 28}{18 \times 14} = 4$$

③根据题意确定其他已知条件：$n_3 = n_{3'}$。

④解得 $n_5 = 0.025$ r/min（与 n_H 同向）。

(5) 解：由图可知，该轮系为定轴轮系，故

$$i_{17} = i_{1'7} = \frac{n_{1'}}{n_7} = (-1)^3 \frac{z_4 z_5 z_6 z_7}{z_1 z_{4'} z_{5'} z_6} = -\frac{z_4 z_5 z_7}{z_1 z_{4'} z_{5'}} = -\frac{75 \times 60 \times 90}{25 \times 40 \times 40} = -10.125$$

齿轮 7 转向与 1'相反，如图所示。

由图可知，蜗杆 1 左旋，通过左手螺旋定则，判断出蜗轮 2 及锥齿轮 2'向右运动，故齿轮 3 的转向如图所示。

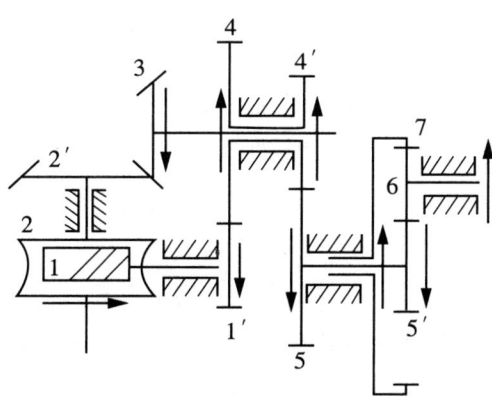

(6) 解：由图可知，该轮系为定轴轮系，故

$$i_{16} = \frac{n_1}{n_6} = \frac{z_2 z_3 z_4 z_6}{z_1 z_{2'} z_{3'} z_5} = \frac{40 \times 30 \times 40 \times 50}{20 \times 20 \times 20 \times 2} = 150$$

因此

$$n_6 = \frac{n_1}{150} = \frac{1\,000}{150} = \frac{20}{3}(\text{r/min})$$

运用画图方法可以判断出蜗轮 6 的转动方向如图所示,为顺时针转动。

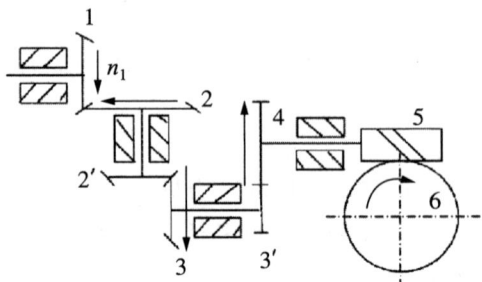

(7)解:该轮系为复合轮系,由两个周转轮系组成。按以下步骤进行分析:

① 分清轮系。1-2′-2-3-6 组成周转轮系,6 为系杆;4-5-6-3 组成周转轮系,3 为系杆。

② 分列方程

$$i_{13}^6 = \frac{i_1^6}{i_3^6} = \frac{n_1-n_6}{n_3-n_6} = (-1)\frac{z_2 z_3}{z_1 z_{2'}} = -\frac{27 \times 34}{17 \times 18} = -3$$

$$i_{46}^3 = \frac{i_4^3}{i_6^3} = \frac{n_4-n_3}{n_6-n_3} = (-1)\frac{z_5 z_6}{z_4 z_5} = -\frac{z_6}{z_4} = -\frac{17}{51} = -\frac{1}{3}$$

③ 找关系求解。由图可知,$n_4 = 0$,故解上述两个方程得

$$i_{16} = \frac{n_1}{n_6} = \frac{13}{4}$$

(8)解:由图可知,该轮系为复合轮系,按以下步骤进行分析。

① 分清轮系。1-2-3 组成定轴轮系;3′-4-5′-B 组成周转轮系,B 为系杆;6-7 组成定轴轮系;1′-5 组成定轴轮系。

② 分列方程

$$i_{13} = \frac{n_1}{n_3} = (-1)^2 \frac{z_3}{z_1} = \frac{30}{20} = \frac{3}{2}$$

$$i_{3'5'}^B = \frac{i_{3'}^B}{i_{5'}^B} = \frac{n_{3'}-n_B}{n_{5'}-n_B} = -\frac{z_4 z_{5'}}{z_{3'} z_4} = -\frac{20}{40} = -\frac{1}{2}$$

$$i_{67} = \frac{n_6}{n_7} = \frac{z_7}{z_6} = \frac{63}{3} = 21$$

$$i_{1'5} = \frac{n_{1'}}{n_5} = -\frac{z_5}{z_{1'}} = -\frac{30}{60} = -\frac{1}{2}$$

③ 找关系求解。假设轴 A 转向如图,则 B 转向如图。蜗杆 6 右旋,根据右手螺旋定则,判断出蜗轮 7 顺时针旋转。

由题意可知 $n_1 = n_{1'} = n_A = 60$ r/min,$n_3 = n_{3'}$,$n = n_{5'}$,$n_B = n_6$,代入上述方程组,解得

$$n_5 = -120 \text{ r/min}, n_3 = 40 \text{ r/min}, n_B = -\frac{40}{3} \text{ r/min}, n_7 = -\frac{40}{63} \text{ r/min}$$

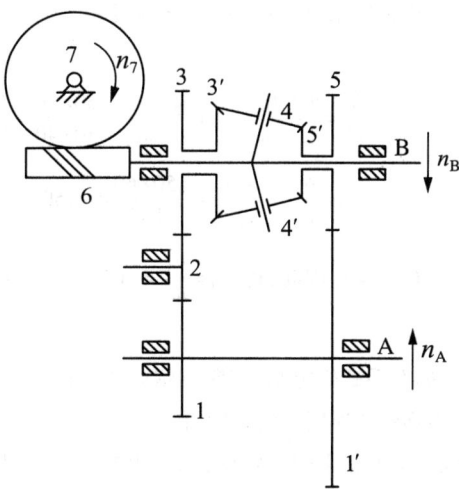

(9)解:由题意可知,秒针与分针之间的速比为60,即

$$i_{14}=i_{SM}=\frac{n_1}{n_4}=\frac{z_2 z_4}{z_1 z_3}=\frac{60 z_4}{8\times 8}=60$$

所以 $z_4 = 64$。

又因为分针与时针之间的速比为12,即

$$i_{48}=i_{MH}=\frac{n_4}{n_8}=\frac{z_6 z_8}{z_5 z_7}=\frac{z_6 z_8}{15\times 12}=12 \qquad (*)$$

齿轮6、7同轴,齿轮5、8同轴,根据中心距相等条件,得

$$m(z_7+z_8)=m(z_5+z_6)$$

因此,$z_8 - z_6 = 3$。

代入(*)式,求得 $z_6 = 45$,$z_8 = 48$。

(10)解:由题意可知,轴Ⅰ与轴Ⅳ的传动比

$$i_{\mathrm{I\,IV}}=\frac{z_2 z_3 z_4}{z_1 z_{2'} z_{3'}}=\frac{4.14\times 100\times 100}{1.38\times 3\times 10}=10^3$$

即车轮每转1 000转,轴Ⅳ转一转。车轮转1 000转所走的路程是

$$S_d = \pi\times 6\times 1\ 000 = 18\ 000 \text{尺} = 3\ 000 \text{步} = 10 \text{里}$$

(11)解:由图可知,该轮系为复合轮系,按以下步骤进行分析

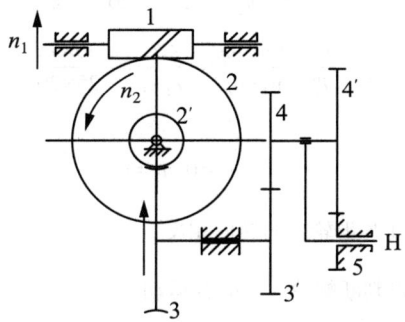

①分清轮系。3'-4-4'-5-H 为周转轮系;1-2-2'-3 为定轴轮系。

②分列方程

$$i_{3'5}^H = \frac{i_{3'}^H}{i_5^H} = \frac{n_{3'} - n_H}{n_5 - n_H} = (-1)^2 \frac{z_4 z_5}{z_{3'} z_{4'}} = \frac{30 \times 30}{40 \times 40} = \frac{9}{16}$$

$$i_{13} = \frac{n_1}{n_3} = -\frac{z_2 z_3}{z_1 z_{2'}} = -\frac{50 \times 60}{1 \times 2} = -150$$

③找关系求解。由图可知,$n_5 = 0, n_3 = n_{3'}$。因此,得 $i_{1H} = \frac{n_1}{n_H} = -65.625$,即 $i_{1H} = -65.625$,且转臂 H 与齿轮 I 转向相反。

因为左旋蜗杆 1 向上运动,根据左手螺旋定则,判断出蜗轮 2 逆时针运动。同理,左旋蜗杆 2' 逆时针运动,根据左手螺旋定则,判断出蜗轮 3 速度方向如图所示。

(12)解:由题可知,蜗杆 1 向上运动,根据左手螺旋定则,判断出蜗轮 2 逆时针运动。同理,蜗杆 2' 逆时针运动,根据右手螺旋定则,判断出蜗轮 3 速度箭头向上。

根据定轴轮系传动比

$$i_{17} = \frac{n_1}{n_7} = \frac{z_2 z_3 z_4 z_5 z_6 z_7}{z_1 z_{2'} z_{3'} z_{4'} z_{5'} z_6} = \frac{50 \times 40 \times 20 \times 18 \times 18}{2 \times 1 \times 30 \times 26 \times 28} = 296.7$$

(13)解:①该轮系是复合轮系,其中,1-2-3 为定轴轮系,3'-4-5-H 为周转轮系,且为差动轮系。

②根据定轴轮系的传动比关系,

$$i_{13} = \frac{n_1}{n_3} = -\frac{z_2 z_3}{z_1 z_2} = -\frac{z_3}{z_1} = -\frac{60}{18} = -\frac{10}{3}$$

可求得 $n_3 = -18$ r/min,与 n_1 反向,逆时针方向。

③根据周转轮系传动比关系,

$$i_{3'5}^H = \frac{n_{3'}^H}{n_5^H} = \frac{n_{3'} - n_H}{n_5 - n_H} = -\frac{z_4 z_5}{z_{3'} z_4} = -\frac{z_5}{z_{3'}} = -\frac{14}{70} = -\frac{1}{5}$$

可求得 $n_5 = -1\ 710$ r/min,与 n_1 反向,逆时针。

(14)解:由题意可知,该轮系为复合轮系,故按以下步骤进行分析。

①分清轮系。1-2 为定轴轮系;2'-3-3'-4-H 为周转轮系;5-6-7-8 为定轴轮系。

②分列方程

$$i_{12} = \frac{n_1}{n_2} = -\frac{z_2}{z_1} = -\frac{30}{20} = -\frac{3}{2}$$

$$i_{2'4}^H = \frac{i_{2'}^H}{i_4^H} = \frac{n_{2'} - n_H}{n_4 - n_H} = -\frac{z_3 z_4}{z_{2'} z_{3'}} = -\frac{30 \times 75}{25 \times 20} = -4.5$$

③找关系求解

$$n_4 = 0, n_2 = n_{2'}$$

解方程得 $i_{1H} = \frac{n_1}{n_H} = -\frac{33}{4}$,转臂 H 与齿轮 1 的转向相反。

④因为 n_H 与 n_1 反向,所以可以判断蜗轮 8 逆时针运动。

(15)解:由题意可知,该轮系为复合轮系,故按以下步骤进行分析。

①分清轮系。1-2-3-4 为定轴轮系;5-6-7-H 为周转轮系。

②分列方程

$$i_{14} = \frac{n_1}{n_4} = (-1)^2 \frac{z_2 z_4}{z_1 z_3} = \frac{36 \times 36}{16 \times 18} = 4.5$$

$$i_{57}^H = \frac{i_5^H}{i_7^H} = \frac{n_5 - n_H}{n_7 - n_H} = -\frac{z_6 z_7}{z_5 z_6} = -\frac{z_7}{z_5} = -\frac{20}{88} = -\frac{5}{22}$$

③找关系求解

$$n_1 = n_7, n_4 = n_5$$

解得, $i_{1H} = \frac{n_1}{n_H} = \frac{243}{89}$, 转臂 H 的转向与齿轮 1 相同。

(16) 解: 该轮系为定轴轮系, 蜗杆 1 右旋, 转动方向已知。通过右手螺旋定则判断出蜗轮 2 与蜗杆啮合点的速度方向向左。根据定轴轮系传动比公式, 有

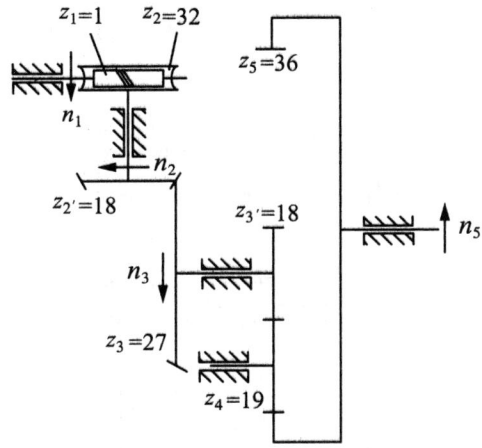

$$i_{15} = \frac{n_1}{n_5} = \frac{z_2 z_3 z_4 z_5}{z_1 z_{2'} z_{3'} z_4} = \frac{32 \times 27 \times 19 \times 36}{1 \times 18 \times 18 \times 19} = 96$$

用画箭头的方法可以判断齿轮 5 的速度方向如图所示(箭头向上)。

(17) 解: 由题意得三组周转轮系, 分别是 1-2-3-H、4-2'-2-3-H 和 1-2-2'-4-H。

任选两组列出它们的传动比方程

$$i_{13}^H = \frac{i_1^H}{i_3^H} = \frac{n_1 - n_H}{n_3 - n_H} = -\frac{z_3}{z_1} = -\frac{68}{18} = -\frac{34}{9}$$

$$i_{34}^H = \frac{i_3^H}{i_4^H} = \frac{n_3 - n_H}{n_4 - n_H} = \frac{z_2 z_4}{z_3 z_{2'}} = \frac{25 \times 69}{68 \times 25} = \frac{69}{68}$$

又因为 $n_3 = 0$, 则联立上面两个方程, 求解得

$$n_4 = \frac{8\,640}{2\,967} \text{ r/min}, 与齿轮 1 转向相同。$$

(18) 解: 此轮系为定轴轮系。左旋蜗杆 1 向上运动, 通过左手螺旋定则判断蜗轮 2 在啮合点处向左运动, 所以锥齿轮 3 的转向箭头向左, 齿轮 4 转向箭头向上。且

$$i_{14} = \frac{n_1}{n_4} = \frac{z_2 z_4}{z_1 z_3} = \frac{65 \times 50}{2 \times 30} = \frac{325}{6}$$

$$\therefore \quad n_4 = \frac{240}{13} \text{r/min}, 与 n_1 同向。$$

(19) 解：由题意可知，该轮系为复合轮系。故按以下步骤进行分析。

①分清轮系。1-2-2'-3-5 为周转轮系；3'-4-5 定轴轮系。

②分列方程

$$i_{13}^5 = \frac{i_1^5}{i_3^5} = \frac{n_1 - n_5}{n_3 - n_5} = (-1)^2 \frac{z_2 z_3}{z_1 z_{2'}} = \frac{33 \times 65}{24 \times 21} = \frac{715}{168}$$

$$i_{3'5} = \frac{n_{3'}}{n_5} = -\frac{z_5}{z_{3'}} = -\frac{78}{18} = -\frac{13}{3}$$

③将 $n_3 = n_{3'}, n_2 = n_{2'}$ 代入上面方程，解得

$$\frac{n_1}{n_5} = -\frac{1\,367}{63}$$ 齿轮 5 与齿轮 1 转向相反。

(20) 解：此轮系为定轴轮系。由齿轮 1 转向可判断出齿轮 3 转向箭头向上，蜗杆为右旋，根据右手螺旋定则判断蜗轮 5 逆时针转动，且传动比为

$$i_{15} = \frac{n_1}{n_5} = \frac{z_3 z_5}{z_1 z_4} = \frac{50 \times 50}{50 \times 2} = 25$$

(21) 解：此轮系由两个周转轮系组成，分别是 1-2-3-H_1 和 4-5-6-H_2。

分列方程：

$$i_{13}^{H_1} = \frac{i_1^{H_1}}{i_3^{H_1}} = \frac{n_1 - n_{H_1}}{n_3 - n_{H_1}} = -\frac{z_3}{z_1} = -\frac{130}{30} = -\frac{13}{3}$$

$$i_{46}^{H_2} = \frac{i_4^{H_2}}{i_6^{H_2}} = \frac{n_4 - n_{H_2}}{n_6 - n_{H_2}} = -\frac{z_6}{z_4} = -\frac{130}{30} = -\frac{13}{3}$$

从图中可以知道

$$n_{H_1} = n_4, n_3 = n_6 = 0$$

将上述各式联立起来解得 $n_{H_2} = \frac{1\,125}{32}$(r/min)，转向与齿轮相同。

(22) 解：此轮系为复合轮系，按以下步骤进行分析。

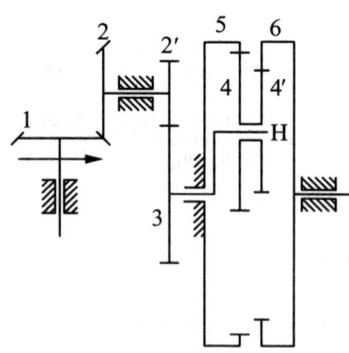

①分清轮系。1-2-2'-3 组成定轴轮系；5-4-4'-6 和 H 组成周转轮系。

②分列方程

$$i_{13} = \frac{n_1}{n_3} = \frac{z_2 z_3}{z_1 z_{2'}} = \frac{30 \times 40}{20 \times 20} = 3$$

$$i_{56}^H = \frac{i_5^H}{i_6^H} = \frac{n_5 - n_H}{n_6 - n_H} = \frac{z_4 z_6}{z_5 z_{4'}} = \frac{45 \times 80}{81 \times 44} = \frac{100}{99}$$

③由图可以知道,$n_3 = n_H$ 及 $n_5 = 0$,代入上式,解得 $n_6 = n_3/100$,齿轮 6 与齿轮 3 同向旋转,与齿轮 2 反向

则 $i_{16} = \frac{n_1}{n_6} = 300$

(23)解:该轮系为周转轮系,设 n_1 为正,传动比为

$$i_{13}^H = \frac{i_1^H}{i_3^H} = \frac{n_1 - n_H}{n_3 - n_H} = (-1)^2 \frac{z_2 z_3}{z_1 z_{2'}} = \frac{20 \times 25}{30 \times 25} = \frac{2}{3}$$

① n_1 与 n_3 同向时,则 $n_H = -100$ r/min,即 n_H 与 n_1 反向。

② n_1 与 n_3 反向时,则 $n_H = 700$ r/min,即 n_H 与 n_1 同方向。

(24)解:该轮系为定轴轮系,蜗杆蜗轮都为左旋,根据蜗轮 4 逆时针转动,可以通过左手螺旋定则判断出蜗杆 3 在与蜗轮啮合点的速度指向纸面外侧,即其速度箭头应向下,因此,齿轮 1 转向箭头向上。且有

$$i_{14} = \frac{n_1}{n_4} = \frac{z_3 z_4}{z_1 z_{3'}} = \frac{90 \times 50}{20 \times 1} = 225$$

(25)解:该轮系为复合轮系,按以下步骤进行分析。

①分清轮系。1-2-2′-3-H 为周转轮系;4-5-6 为定轴轮系。

②分列方程

$$i_{13}^H = \frac{i_1^H}{i_3^H} = \frac{n_1 - n_H}{n_3 - n_H} = -\frac{z_2 z_3}{z_1 z_{2'}} = -\frac{34 \times 64}{32 \times 36} = -\frac{17}{9}$$

$$i_{46} = \frac{n_4}{n_6} = (-1)^2 \frac{z_6}{z_4} = \frac{24}{32} = \frac{3}{4}$$

③找关系求解。由图可知,

$n_1 = n_A = -1\,250$ r/min,$n_6 = n_B = 600$ r/min,且 $n_4 = n_H$。

代入上式解得,$n_C = n_3 = 1\,350$ r/min,与 n_B 转向相同。

(26)解:该轮系为定轴轮系。由右旋蜗杆 1 逆时针转动,通过右手螺旋定则,判断出蜗轮 2 转向箭头向上,从而齿轮 3 速度方向箭头向左,齿轮 4 速度方向箭头向下,且

$$i_{14} = \frac{n_1}{n_4} = \frac{z_2 z_3 z_4}{z_1 z_{2'} z_3} = \frac{38 \times 30}{2 \times 30} = 19$$

$$n_4 = \frac{1\,200}{19} \text{ r/min}$$

(27)解:该轮系为复合轮系,按以下步骤进行分析。

①分清轮系。1-2-3-5(系杆)为周转轮系;5-6 为定轴轮系;4-7 为定轴轮系。

②分列方程

$$i_{13}^5 = \frac{i_1^5}{i_3^5} = \frac{n_1 - n_5}{n_3 - n_5} = -\frac{z_3}{z_1} = -\frac{72}{24} = -3$$

$$i_{56} = \frac{n_5}{n_6} = -\frac{z_6}{z_5} = -\frac{24}{100} = -\frac{6}{25}$$

$$i_{47} = \frac{n_4}{n_7} = -\frac{z_7}{z_4} = -\frac{30}{89}$$

③找关系求解。将 $n_1 = n_A, n_4 = n_3, n_6 = n_7 = n_B$ 代入上式,解得

$$i_{AB} = i_{16} = \frac{n_1}{n_6} = \frac{114}{2\,225}, \text{A、B 轴转向相同}。$$

(28)左旋蜗杆1顺时针转动,由左手螺旋定则,判断出蜗轮2速度方向箭头向左,齿轮4向上,齿轮6向下。各传动比如下:

$$i_{12} = \frac{n_1}{n_2} = \frac{z_2}{z_1} = \frac{23}{1} = 23$$

$$i_{34} = \frac{n_3}{n_4} = \frac{z_4}{z_3} = \frac{48}{21} = \frac{16}{7}$$

$$i_{56} = \frac{n_5}{n_6} = -\frac{z_6}{z_5} = -\frac{40}{22} = -\frac{20}{11}$$

$$i_{16} = \frac{n_1}{n_6} = i_{12} i_{34} i_{56} = -\frac{7\,360}{77}$$

(29)解:左图为周转轮系,

$$i_{1'3}^H = \frac{i_{1'}^H}{i_3^H} = \frac{n_{1'} - n_H}{n_3 - n_H} = -\frac{z_3}{z_{1'}} = -\frac{80}{20} = -4$$

且 $n_3 = 0$,所以

$$i_{1H} = \frac{n_1}{n_H} = 5, n_H = 192 \text{ r/min}(与齿轮1同向转动)。$$

右图为周转轮系,

$$i_{13}^H = \frac{i_1^H}{i_3^H} = \frac{n_1 - n_H}{n_3 - n_H} = \frac{z_2 z_3}{z_1 z_{2'}} = \frac{15 \times 65}{60 \times 20} = \frac{13}{16}$$

且 $n_3 = 0$,所以

$$i_{1H} = \frac{n_1}{n_H} = \frac{3}{16}, n_H = 5\,120 \text{ r/min}(与齿轮1同向)。$$

(30)解:此为定轴轮系,包含三对蜗杆蜗轮传动。输入蜗杆2与最终输出蜗轮8之间的传动比为

$$i_{28} = \frac{n_2}{n_8} = \frac{z_3 z_6 z_8}{z_2 z_5 z_7}$$

纱筒4表面的线速度大小为

$$v_4 = \pi D_4 n_5$$

齿条14表面的线速度为

$$v_{14} = \pi D_9 n_8$$

所以

$$v_4 / v_{14} = \pi D_4 n_5 / \pi D_9 n_8 = D_4 n_5 / D_9 n_8 = \frac{D_4 z_6 z_8}{D_9 z_5 z_7}$$

(31) 解：该轮系为复合轮系，按以下步骤进行分析。

① 分清轮系。1-2-3-5 为周转轮系；5-6 为定轴轮系；4-7 为定轴轮系。

② 分列方程

$$i_{13}^5 = \frac{i_1^5}{i_3^5} = \frac{n_1 - n_5}{n_3 - n_5} = -\frac{z_3}{z_1} = -\frac{72}{24} = -3$$

$$i_{56} = \frac{n_5}{n_6} = -\frac{z_6}{z_5} = -\frac{24}{95}$$

$$i_{47} = \frac{n_4}{n_7} = -\frac{z_7}{z_4} = -\frac{30}{89}$$

③ 找关系求解。将 $n_1 = n_A$，$n_4 = n_3$，$n_6 = n_7 = n_B$ 代入上述方程解得，

$i_{AB} = i_{16} = \frac{n_1}{n_6} = \frac{6}{8\,455}$，A、B 轴转向同向。

(32) 解：该轮系为复合轮系，按以下步骤进行分析。

① 分清轮系。1-2 为定轴轮系；2'-3-4-H 为周转轮系；5-6-7 为定轴轮系。

② 分列方程

$$i_{2'4}^H = \frac{i_{2'}^H}{i_4^H} = \frac{n_{2'} - n_H}{n_4 - n_H} = -\frac{z_4}{z_{2'}} = -\frac{100}{20} = -5$$

$$i_{12} = \frac{n_1}{n_2} = -\frac{z_2}{z_1} = -\frac{42}{20} = -2.1$$

$$i_{57} = \frac{n_5}{n_7} = -\frac{z_7}{z_5} = -\frac{30}{30} = -1$$

③ 找关系求解。将 $n_2 = n_{2'}$，$n_5 = n_H$，$n_4 = 0$ 代入上述方程，解得

$n_5 = -n_7$，$i_{17} = \frac{n_1}{n_7} = \frac{63}{5}$，齿轮 7 与齿轮 1 同向旋转。

(33) 解：该轮系为复合轮系，故按以下步骤进行分析。

① 分清轮系。1-2-2'-3-4 为周转轮系；4-5 为定轴轮系。

② 分列方程

$$i_{13}^4 = \frac{i_1^4}{i_3^4} = \frac{n_1 - n_4}{n_3 - n_4} = (-1)^2 \frac{z_2 z_3}{z_1 z_{2'}} = \frac{20 \times 20}{25 \times 25} = \frac{16}{25}$$

$$i_{45} = \frac{n_4}{n_5} = -\frac{z_5}{z_4} = -\frac{20}{100} = -\frac{1}{5}$$

③ 找关系求解。将 $n_3 = 0$ 代入上面方程，解得

$i_{15} = \frac{n_1}{n_5} = -\frac{9}{125}$，即齿轮 5 与齿轮 1 转向相反。

(34) 解：由题意可知，该轮系为复合轮系，按以下步骤进行分析。

① 分清轮系。5-6-7-H 为周转轮系；1-2-3-4 为定轴轮系。

② 分列方程

$$i_{57}^H = \frac{i_5^H}{i_7^H} = \frac{n_5 - n_H}{n_7 - n_H} = -\frac{z_7}{z_5} = -\frac{26}{78} = -\frac{1}{3}$$

$$i_{14}=\frac{n_1}{n_4}=(-1)^2\frac{z_2 z_4}{z_1 z_3}=\frac{34\times 36}{20\times 18}=3.4$$

③找关系求解。将 $n_1=n_7$，$n_5=n_4$ 代入上式式，解得

$i_{1H}=\dfrac{n_1}{n_H}=\dfrac{17}{8}$，齿轮 1 与转臂 H 转向相反。

参考文献

[1] 孙桓,陈作模. 机械原理[M]. 8版. 北京:高等教育出版社,2003.
[2] 邹慧君,郭为忠. 机械原理学习指导与习题选解[M]. 北京:高等教育出版社,2007.
[3] 华大年. 机械原理[M]. 2版. 北京:高等教育出版社,1994.
[4] 王晶. 机械原理习题精解[M]. 西安:西安交通大学出版社,2002.
[5] 郭卫东. 机械原理教学辅导与习题解答[M]. 北京:科学出版社,2010.
[6] 王丹. 机械原理学习指导与习题解答[M]. 北京:科技出版社,2011.
[7] 申永胜. 机械原理辅导与习题[M]. 北京:清华大学出版社,1999.
[8] 周炳荣. 纺纱机械[M]. 北京:中国纺织出版社,1999.
[9] 陈革. 织造机械[M]. 北京:中国纺织出版社,2000.
[10] 孙志宏. 机械原理学习指导及习题集[M]. 上海:东华大学出版社,2019.